dalla collana
"UNA LIBERA RICERCA TRA RAGIONE E FEDE"

Titolo Originale
DIO È LA SCIENZA
La Genesi anticipa di 3.500 anni la Scienza Moderna
...e tanto altro ancora..."

ISBN
978-1-291-65896-5

SAGGIO BIBLICO

Autore
Daniele Salamone

Pubblicato nel 2013 da © EDIZIONI STELLA DI DAVID.

E-Mail: info@stelladidavid.it

Prima Edizione: Dicembre 2013
Seconda Edizione: Gennaio 2014
Terza Edizione: Giugno 2014

© *2014* - Tutti i diritti riservati. È vietata la riproduzione, anche parziale, con qualsiasi mezzo, se non autorizzata dall'autore.

Copertina
Progettazione e Impaginazione Grafica di *Daniele Salamone*.

Daniele Salamone

DIO È LA SCIENZA

*La Genesi anticipa di 3.500 anni la Scienza Moderna
...e tanto altro ancora...*

EDIZIONI
STELLA DI **D**AVID

Indice

Introduzione	**6**
PREMESSA - **La scienza conferma la Bibbia**	**10**

CAPITOLO 1
Creazione o Evoluzione?   **17**
- Condivisione   17
- Evoluzione Cosmica   19
- Evoluzione Chimica   28
- Evoluzione Biologica   39

CAPITOLO 2
Ogni Scrittura è ispirata da Dio   **51**
- Le origini della Bibbia e i Masoreti   51
- La "dottrina" dell'ateo   61
- Metodica di studio   66

INDICAZIONI E GUIDE   **70**

CAPITOLO 3
Le meraviglie della Bibbia   **71**
- Genesi 1:1 rivela *gli Elohiym*   71
- Quanti sono gli Elohiym?   84
- Angeli e Demoni   88
- $E=mc^2$: formula antica di 3.500 anni   94
- I sette cicli della creazione   100
- Teoria dell'Intervallo [Gap-Theory]   105
- Secondo giorno, le acque   106
- Elohiym *mise dei segni* nello spazio   108
- Il fuoco che non brucia   117
- Aromi nello spazio   129
- *"Eva! Mi sta sulle costole!"*   129
- Una sola carne   139
- Indagine su Caino e Abele   141
- Adamo ed Eva e la loro storicità   145

- Il patrimonio genetico di Dio   150
- Lo Tselém e la longevità dell'Adàm   155
- I Giganti e gli Uomini Forti   162
- Il serpente antico   168
- M'illumino d'immenso   174
- Chi fu la moglie di Caino?   188
- L'origine dei popoli e delle lingue   193
- Il primo capostipite degli Ebrei   197
- La deriva dei continenti [?]   199

CAPITOLO 4
L'Eden   **203**
- Il giardino recintato   203

CAPITOLO 5
Domanda e Risposta   **215**
- Le 10 piaghe d'Egitto   215
- Il Mar Rosso   223
- La Bibbia non è "un libro"   228
- Yavèh e i suoi "colleghi"   233
- Yavèh e Mosè, due amici   235
- Yavèh e gli altri Elohiym   237
- L'immagine degli Elohiym   239
- Yavèh l'aviatore   245
- Yavèh il guerriero   249
- Geova è il nome di Dio?   251
- Dio crea tutto, ma chi ha creato Dio?   255
- Il Nuovo Testamento risponde...   258

Appendice 1 - GENETICA   276
Appendice 2 - Apocalisse di Mosè e vita di Adamo ed Eva   278
Appendice 3 - Apocalisse di Adamo   289
Appendice 4 - Elenco o "Libro della genealogia di Adamo"   292
Appendice 5 - Riassunto Globale   293

Bibliografia Essenziale   I
L'Autore   III

Introduzione

Da diversi anni a questa parte ho iniziato a studiare molti testi i quali, inevitabilmente, hanno generato in me centinaia di domande. Studiando ho scoperto che il mondo contiene una quantità incredibile di libri, documenti, informazioni, testimonianze e quant'altro possa essere d'aiuto a noi uomini nel riscoprire in essi le risposte che cerchiamo e che possano soddisfare il sapere dei nostri "perché?"

La difficoltà non sta nel porsi le domande, ma sta nel trovare le risposte giuste! Ad alcuni, le domande sono date solo per la semplice curiosità di sapere, ad altri è dato per scoprire rivelazioni importanti.

Per essere degli esploratori non necessariamente bisogna navigare le distese dei mari restando con la speranza di trovare chissà quale terra non ancora calpestata dall'uomo, oppure raggiungere i luoghi più disparati e le montagne più alte per scoprire chissà quale verità nascosta.

Ritengo che i documenti che la storia ci ha fornito contengano *"segreti/misteri"* ancora più importanti ed agghiaccianti di quanto possa celarsi all'interno di una grotta sommersa centinaia di metri sotto il livello del mare.

Prendendo visione dei mezzi di comunicazione più diffusi, Televisione e Internet, non si fa altro che sentire o leggere: *"perché l'universo esiste?", "perché esistiamo?", "perché viviamo?"*.

Anch'io mi sono posto queste classiche domande ma alla fine sono arrivato a chiedermi: *"per CHI viviamo?"* Così come infinito è l'Universo, infinita è la grandezza dell'Architetto che ha progettato tutte le meraviglie della natura, del cosmo.

Non mi ritengo né un esploratore né un biblista di alto rango, tuttavia la mia fame e sete di sapere mi ha spinto a intraprendere un cammino che fino a qualche anno fa non mi sarei mai immaginato di percorrere, un sentiero prima di allora impossibile da calpestare.

Lo studio per me, fin dai tempi della scuola, era sempre stato un grosso macigno da dover sopportare, l'idea di dovermi cimentare su pagine e pagine di avvenimenti storici era un enorme peso.

Credevo che il passato fosse ormai passato e che non mi riguardasse più, non ritenevo necessario per me sapere *le origini*, ma in maniera inaspettata

e a studi ultimati, se così vogliamo definirli visto che non ne avevo mai iniziati veramente, sentii il bisogno di dover recuperare tutto ciò che mi ero perso negli anni tra i banchi di scuola.
Immergermi tra i libri cercando di recuperare tutto, rinchiudendomi nella mia stanza, mi ha permesso di ricevere i tanti benefici a cui induce il *sano sapere*, infatti un conto è studiare troppo, un altro conto è studiare tanto.
Sono due cose completamente differenti; la prima può generare tanto dolore e confusione perché è *un eccesso*, a prescindere da chi siamo, la seconda... è soggettiva.

Cresciuto all'interno di un ambiente sociale e familiare radicato sulla Fede, sono stato educato secondo dei *sani* principi fondati sul rispetto del prossimo come primo dovere morale e spirituale. Essendo cresciuto in tale ambiente fu inevitabile per me accostarmi alla lettura delle Sacre scritture, inizialmente era solo una lettura che all'idea di aver fatto cosa buona davanti al Dio trascendente biblico mi appagava, man mano poi scoprì che non bastava semplicemente leggere quattro versetti come per fare un favore a *"Qualcuno"*; mi ritrovai a leggere capitoli dopo capitoli come favore e necessità strettamente intima.
Iniziarono i miei perché, e tali quesiti aumentavano quando effettivamente sentivo dire e costatavo io stesso che le Scritture contenevano "errori", confrontando anche le diverse versioni bibliche editoriali di cui si può disporre.
Mi chiedevo: *"Perché le Chiese funzionano in maniera non conforme ai precetti biblici? Se mi è stato inculcato che Dio ce n'è uno soltanto, perché esistono tante bibbie e di conseguenza tante religioni?"* C'è qualcosa che non va!
Questo fu il trampolino di lancio all'avventura delle indagini bibliche sentendomi in dovere di studiare l'ebraico, aramaico e greco biblico accingendo direttamente alla Fonte, ai testi biblici in lingua originale.
Studiando e scoprendo sempre più cose capii che non era un'etichetta religiosa a potermi dare una protezione, una sicurezza, un conforto, un refrigerio. Nemmeno il principio morale in sé inculcatomi dai miei cari ma, ben altro. Da allora decisi di non professarmi più come un cristiano appartenente a un determinato movimento religioso, ma come un *comune mortale fatto di polvere* che non ha mai perso la fede in un dio - o meglio IL DIO - che va al di là di ogni sapere umano.
Il mondo e la vita riservano grandi sorprese e colpi di scena, sia nel bene sia nel male, allo stesso modo anche i misteri biblici sono in grado di

trasportare il singolo individuo in dimensioni incredibili, in realtà indescrivibili e in affermazioni inconfutabili.

Iniziare lo studio dell'Antico Testamento mi ha causato non poche crisi esistenziali; forse avrò indagato "troppo", ma leggere in molti passi che Yavèh - *il Dio d'Israele* - incoraggiava e provocava uccisioni di massa, violenze, catastrofi, piaghe e distruzioni varie stava quasi per farmi ricredere sulla reale personalità se non addirittura la stessa esistenza di Dio. Tutto ciò che costatavo era in netta contraddizione ai *"Dieci Comandamenti"* e al comandamento che vuole sintetizzarli tutti *"Ama il tuo prossimo come te stesso"*. Non potevo credere che Dio fosse un'entità egoista e cattiva dalla quale bisogna provare *terrore* piuttosto che *timore*. Intanto, da un'accurata analisi, dal Testo emergevano queste tristi realtà, pagine dopo pagine.

Non dandomi per vinto, affiancai lo studio dell'Antico Testamento al Nuovo Testamento, a cui ho dedicato l'ultimo capitolo di questo testo, scoprendone con un grande sospiro una nuova realtà attraverso l'Unigenito Figlio di questo Dio.

Da allora potei finalmente placare le mie paure e confermare che Dio esiste e Ama!

L'Autore

PREMESSA - La scienza conferma la Bibbia

Prima che la scienza moderna fosse sviluppata, molte persone consideravano la Bibbia come un testo di mitologia. Oggi, però, **la scienza prova** che la Bibbia è vera ciononostante vi siano ancora persone incredule e scettiche.
3.500 anni fa, nell'età del bronzo, il concetto dell'Universo era lontano *"anni luce"* dalla verità.

Visione degli antichi indiani riguardo all'Universo.
La Terra era posata sul dorso di quattro elefanti che a loro volta stavano ritti sul guscio di una tartaruga acquatica che nuotava su un infinito oceano.

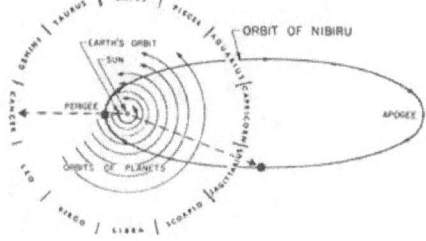

Questo era il sistema solare secondo la visione dei Sumeri.
I cerchi rappresentano le orbite dei pianeti conosciuti con al centro il Sole.
L'orbita estranea rappresenta la via percorsa dal pianeta Nibiru nel quale, secondo i Sumeri, risiedevano i loro "déi", gli Annunaki.

Gli attuali cerchi nei campi di grano sembrano volerci dire qualcosa, sarà così? È forse un **caso**?

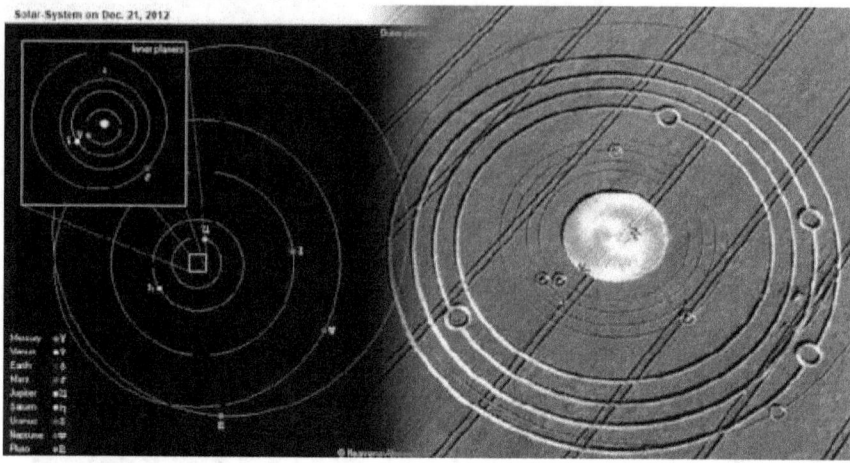

La gente antica non riusciva nemmeno a immaginare che la Terra fosse sospesa nel vuoto.

Eppure, nel *libro di Giobbe, scritto 3.500 anni fa,* proprio nella stessa età del bronzo, la conoscenza dell'astronomia moderna era già stata scritta.
Per conoscenza o per *rivelazione?*

"Egli ... tiene sospesa la terra sul nulla." **Giobbe 26:7**

La Bibbia descrive la Terra come se qualcuno avesse fatto una foto da un satellite e l'avesse mostrata ai redattori delle Stesse.
La datazione al radiocarbonio prova che il libro di Giobbe fu scritto 3.500 anni fa nell'età del bronzo e con nostra grande meraviglia, *la conoscenza dell'astronomia moderna fu scritta proprio in quell'epoca.*
In questa età moderna, è una conoscenza comune che la Terra fluttui nello spazio, ma era così comune anche nell'età del bronzo?
Fino al 1687, in cui Isaac Newton scoprì *"la legge di gravitazione universale"* provando che la Terra fluttuasse nello spazio, la gente non credeva ancora nelle parole della Bibbia: *"La Terra era sospesa sul nulla".*
Tuttavia, con lo svilupparsi della scienza, si prova che *le Scritture della Bibbia sono vere.*
La Bibbia descrisse anche *la rivoluzione del sole* 3.000 anni fa: *"ed esso [il Sole] è come uno sposo che esce dalla sua camera di nozze, esulta come un prode che percorre la sua via. Esso sorge da un'estremità dei cieli, e il suo giro giunge fino all'altra estremità".*
Salmo 19:5
È nel XX secolo che l'umanità scoprì che il Sole ruota intorno al centro della Galassia:

- *"Il Sole ruota alla velocità di 250 km/s."*
  Bertil Lindblad - *Astronomo*

Grazie allo sviluppo della scienza si prova che *la Bibbia è vera.*
Ancora verso l'età del bronzo, circa 3.500 anni fa, la Bibbia *descrisse correttamente l'interno della Terra*:

"Quanto alla terra, da essa viene il pane, ma di sotto è sconvolta come il fuoco." **Giobbe 28:5**

È una conoscenza elementare delle scienze della Terra che c'è un ardente lago di fuoco sotto la terra dove siamo. Tuttavia, fino al XIX secolo, le genti consideravano le Parole di Dio come assurdo, in altre parole che ci sia un lago di fuoco sotto la Terra.
Questo scetticismo era dovuto dal fatto che la struttura interna della Terra venne scoperta solo al *secolo successivo*.

Nel 1905, il Geofisico Andrija Mohorovičić scoprì il *mantello terrestre* tramite le onde sismiche:

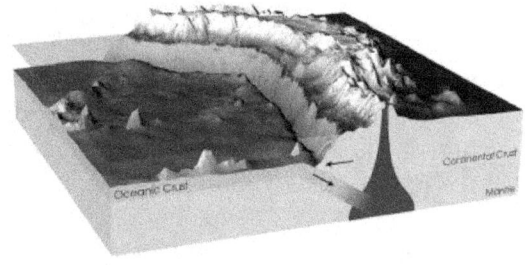

Nel 1930, il Geofisico Beno Gutenberg scoprì il *nucleo esterno* della Terra mentre, pochi anni più tardi, *nel 1936*, la Geofisica Inge Lehmann scoprì il *nucleo interno* della Terra;

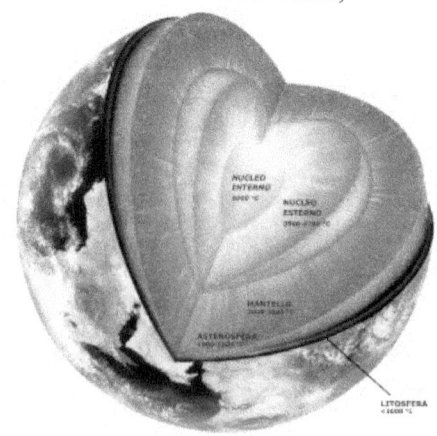

Ancora una volta, vediamo che la scienza moderna prova che la Bibbia è vera. 3.500 anni fa, nessuno conosceva *il ciclo dell'acqua*, però, nella Bibbia se ne scrisse il concetto:

"Egli attira in alto le gocce d'acqua che, sotto forma di vapore, si condensano in pioggia che le nubi riversano e lasciano cadere sull'uomo in gran quantità." **Giobbe 36:27**

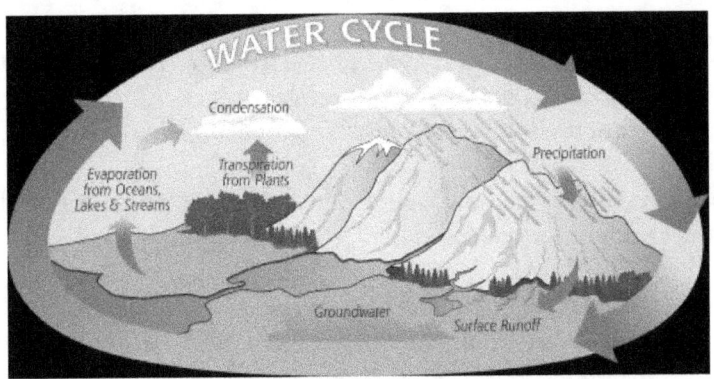

Ci sono tre fattori del ciclo dell'acqua: **evaporazione, condensazione e precipitazione.** Milioni di tonnellate di acqua evaporano per mezzo di energia solare dalla superficie degli oceani, laghi e fiumi. Quando questi vapori si condensano, essi si trasformano in nubi e quando questi vapori si scontrano gli uni agli altri, diventano gocce d'acqua e poi piove.

Il ciclo dell'acqua non era conosciuto fino ai secoli XVI e XVII, fino a quando *Pierre Perrault* e *Edmundo Mariotte* lo scoprirono per mezzo di esperimenti.

Attraverso la scienza, grandi scienziati[1] della storia, furono assolutamente convinti che Dio esistesse e che la Bibbia fosse vera.

---

[1] Leonardo da Vinci, Giovanni Keplero, Louis Pasteur, Jean Henrì Fabre e i fratelli Wright solo per citarne alcuni...

- *"Dio, che è buono, creò l'universo ordinatamente per noi."* **Niccolò Copernico** - *Astronomo*

- *"Questo meraviglioso sistema del Sole, dei pianeti e delle comete potette solo originarsi dal progetto della potenza di un Essere intelligente e potente. E in base al suo dominio suole essere chiamato Signore Dio".*
  Isaac Newton - *Fisico*

- *"Le scoperte scientifiche rivelano un Universo che concorda con le opinioni religiose".*
  Charles Townes *premio Nobel per la Fisica*

Pertanto, la Bibbia è vera nell'aspetto della scienza e per di più *sorpassa la scienza moderna.*

- *"Il Dio Onnipotente ha dimostrato sufficientemente la sua grandezza tanto della scienza che nelle Scritture. Il problema non è una deficienza da parte di Dio, bensì un offuscamento da parte nostra".*
  Prof. Richard A. Swenson - *dall'università del Wisconsin*

*"S'insegnerà forse a Dio la scienza?
A lui che giudica quelli di lassù"*
Giobbe 21:22

CAPITOLO 1
CREAZIONE O EVOLUZIONE?
Condivisione

Questo primo capitolo fungerà da introduzione al tema principale che andremo ad affrontare, pertanto il lettore acquisirà un bagaglio di informazioni utili per continuare la lettura dei capitoli seguenti.

Qual è l'origine dell'Universo e di tutte le cose che vediamo nel nostro pianeta? Da dove siamo venuti?
Molti di noi hanno riflettuto su queste domande, quando però affrontiamo il "problema" delle origini ci troviamo di fronte a solo due teorie, l'*evoluzione* e la *creazione*.
Ci è stato fatto credere durante il XX secolo che tutto è nato tramite l'evoluzione; il nostro Universo, la Terra e tutte le forme di vita sono stati il risultato di un'esplosione della materia e dei *"miliardi di anni"*.
Altri però dicono che le prove conducano al Creatore. Sarà vero? Che cosa indicano queste prove?
Gli scienziati, creazionisti ed evoluzionisti, sono d'accordo nel dire che all'interno di ogni specie esistono grandi *varietà*.
Darwin notò questa varietà e adattabilità fra i fringuelli, notò che il becco dei volatili variava in forme e dimensioni e che questa variabilità era collegata alla sopravvivenza degli stessi.
Si crede che le attuali 450 razze di cani abbiano un unico progenitore e la maggior parte degli scienziati è di comune accordo sul fatto che questo progenitore sia simile al nostro Lupo.
Sempre gli scienziati osservano il fenomeno della sopravvivenza dei più forti.
Evoluzionisti e creazionisti credono che gli animali più forti, più sani e più adattabili al loro ambiente abbiano più

possibilità di sopravvivere e di riprodursi di quelli più deboli e incapaci di adattarsi.

È possibile osservare anche mutazioni di un *gene*. Il DNA di ogni organismo vivente contiene tutte le informazioni genetiche della vita, a volte si può verificare un errore nel codice genetico per cui avviene una *mutazione*. Le mutazioni causano spesso malattie e possono essere indotte da radiazioni, da agenti chimici e da errori di duplicazione del DNA.

Gary Parker - *Biologo*
"In effetti, le mutazioni si verificano e producono ogni genere di cambiamenti nei geni; difetti congeniti, malattie, organismi malati sono utili per spiegare le origini di malattie, morte e disastri. Ma non utili affatto per spiegare l'origine di qualcosa di nuovo, di caratteristiche mai esistite. Tutte le mutazioni che conosciamo sono all'interno dei geni già esistenti."

John Morris - *Geologo*
"Darwin era un bravo naturalista e trasse molte informazioni dalla natura. Quello che osservò fu il cambiamento che avviene in piante e animali a causa dell'adattamento attraverso la variazione. Non si è mai osservato nella genetica che un organismo vivente muti radicalmente le proprie caratteristiche con quelle di un altro. Quello che si verifica è la varietà; la varietà esiste, l'adattamento si effettua ma l'evoluzione non si manifesta."

Mutazione, selezione naturale, adattamento: questi sono i punti su cui sono d'accordo sia gli evoluzionisti sia i creazionisti, ma nonostante i punti d'incontro esistono differenze sostanziali sulle quali il "dibattito" si fa rovente.

Evoluzione Cosmica

Abbiamo avuto inizio - *come dicono gli evoluzionisti* - con il Big Bang e con l'evoluzione dell'Universo.

Richard Milton - *Autore di "Shattering the Myths of Darwinism."*
"Un aspetto interessante della teoria dell'evoluzione è il potere che essa esercita sull'immaginazione degli scienziati. Infatti la applicano anche al di fuori del regno biologico, alle cose inanimate. L'hanno applicata agli elementi chimici, alle stelle, alle galassie; si dice che l'Universo stesso si stia **evolvendo.***"*

Il Big Bang diede origine alla formazione delle galassie, delle stelle, dei pianeti e della vita stessa?

Malcolm Bowden - *Ingegnere e Scrittore*
"È mai venuto ordine da una grande esplosione? Direi proprio di no. Le esplosioni causano caos, spargono pezzi di oggetti dappertutto, oggetti che magari facevano parte di un'unità omogenea. Qualsiasi esplosione distrugge, annulla. Non ci sono prove, per quanto io sappia, che un'esplosione - fosse pure il Big Bang - possa alla fine produrre esseri complessi come noi o come qualsiasi altro animale."

Mark Eastman – *Autore di "The Creator beyond Time and Space."*
"Il pensiero evoluzionista viene applicato in molti rami della scienza; nel campo della cosmologia evoluzionista si dice che l'Universo sia il risultato di un'esplosione casuale avvenuta 15/18 miliardi di anni fa. Non ho mai riscontrato e non si può

provare che un'esplosione produca un "maggior ordine". Le esplosioni sono distruttive, sono la causa di degenerazione e non di spontanea generazione."

Gli scienziati riconoscono che tutte le esplosioni riconosciute diminuiscono l'ordine e la struttura e aumentano il caos. L'idea che il cosmo evolva viola la *Seconda Legge della Termodinamica*, conosciuta come **Entropia**.
La Seconda Legge dice che con il passare del tempo l'Universo diventa meno ordinato; col tempo, ogni sistema lasciato a se stesso va dall'ordine al disordine. Ogni giorno siamo testimoni dell'Entropia, quando vediamo gli oggetti invecchiare e deteriorarsi.
Questo deterioramento della struttura contraddice apertamente la teoria dell'evoluzione.

Gary Parker - *Biologo*
"La Seconda Legge potrebbe aumentare l'ordine, come ad esempio la crescita di un bimbo in uomo, di un seme in albero, ma solo se si ha una fonte di energia esterna e un meccanismo per catturare quell'energia.
Gli evoluzionisti non la possiedono.
Come dice Sagàn "il cosmo è tutto quello che c'è, niente di più", non c'è energia esterna così la Seconda Legge è contraria alla teoria del Big Bang."

Dwayne Gish - *Biochimico*
"Quello che osserviamo nella cosmologia è questo: qualsiasi cosa che vediamo sta invecchiando. Le stelle stanno bruciando il loro "carburante", ogni tanto una stella esplode e passa velocemente dall'ordine al disordine. L'unica cosa che osserviamo nell'Universo oggi è che sta invecchiando e

deteriorandosi. Sta andando dall'ordine al disordine, è sempre meno organizzato."

Chuck Missler - *Ingegnere e Scrittore*
"*Tutti gli scienziati osservano la cosiddetta "legge dell'Entropia" ossia come se l'Universo fosse stato in qualche modo caricato ed ora si stia scaricando.
Gli scienziati che studiano la cosmologia parlano della morte dell'Universo dovuta al calore. È piuttosto chiaro concettualmente, per quello che conosciamo, che l'Universo fra miliardi di anni avrà una temperatura uniforme per cui non ne sarà possibile lo sfruttamento dell'energia in lavoro utile.*"

Non è sfuggito agli scienziati che l'Universo sia stato disegnato e ordinato in un passato finito.
Lo scienziato della NASA Robert Janstron ha scritto: "*la Seconda Legge della Termodinamica applicata al cosmo, indica che l'Universo si sta scaricando proprio come un orologio. Se si sta scaricando vuol dire che c'è stato un tempo in cui era completamente carico.*"

Sorge allora la domanda ovvia: "*CHI l'ha caricato?*"
Gordon Van Wylen affronta concretamente la questione nel suo libro "*La Termodinamica*".[2] Quando scrive:
"*L'autore ha scoperto che La Seconda Legge tende a rafforzare la convinzione che c'è un Creatore che ha la risposta per il destino futuro dell'uomo e dell'Universo.*"

---

[2] Si veda nella Bibliografia

John Morris - *Geologo*
"Vediamo solo distruzione e mai innovazione, penso che è questo quello che la creazione abbia proposto dall'inizio. In principio tutto era "molto buono", perfetto, proprio come Dio voleva. Successivamente, con l'ingresso del peccato nel mondo e con la maledizione di Dio sulla creazione a causa del peccato, la retribuzione del peccato è la morte, non solo nel campo della vita fisica ma anche nell'Universo. Tutte le cose stanno morendo, il Sole si sta consumando, l'orbita della Luna sta declinando e tutto va verso la degenerazione e morte."

Mark Eastman - *Autore di "The Creator Beyond Time and Space."*
"Evoluzionisti e creazionisti concordano ora che l'Universo è finito. Spazio, tempo e materia hanno avuto un principio.
All'inizio del XX secolo, dagli studi di Albert Einstein, gli scienziati sono arrivati alla conclusione che spazio, tempo e materia hanno veramente avuto un inizio.

Chuck Missler - *Ingegnere e Scrittore*
"La scienza del XX secolo, con imbarazzo, ha confermato il punto di vista biblico infatti la grande scoperta in cosmologia è che gli esperti sono d'accordo che l'Universo ha avuto un inizio e lo chiamano **Singolarità***.*
Tutta l'idea del Big Bang è che prima non c'era nulla e poi ci fu un'esplosione.
Il fatto che l'Universo sia finito, che abbia avuto un inizio è un punto fondamentale ma molto imbarazzante per gli evoluzionisti perché solleva una questione a cui non sanno rispondere: "cosa accadde prima di quella Singolarità?""

Il creazionismo ha sempre creduto in un Universo finito. Nel primo versetto della Genesi leggiamo:
"In principio Dio creò i cieli e la Terra".
La Bibbia afferma che anche il tempo ha avuto un inizio, infatti in **2 Timoteo 1:9** leggiamo:
"Dio ci ha salvati e ci ha rivolto una santa chiamata, non a motivo delle nostre opere, ma secondo il Suo proprio proposito e la Grazia che ci è stata fatta in Cristo Gesù, fin dall'eternità" o letteralmente *"prima che il tempo iniziasse"*.

Stranamente la Bibbia spiega l'Entropia.
"Nel passato tu hai creato la Terra e i cieli sono opera delle tue mani, essi periranno ma tu rimani. Tutti quanti si consumeranno come un vestito". **Salmo 102:25,26**

Se l'Universo non è iniziato con un'esplosione l'unica altra possibilità è che sia stato creato. Un'alternativa che molti scienziati non vogliono prendere in considerazione.

Malcolm Bowden - *Ingegnere e Scrittore*
"Quasi tutti gli scienziati cercherebbero di trovare semplicemente una spiegazione meccanica per la nascita delle stelle, delle galassie e del sistema planetario senza alcun intervento di un Creatore. **Secondo me hanno fallito miseramente.** *Se guardiamo al solo sistema planetario, essi hanno cercato di spiegare in diversi modi come sia nato senza alcun intervento da parte di Dio. Non ci sono riusciti"*.

L'osservazione del sistema solare contraddice le teorie circa la sua formazione. La teoria più diffusa dice che il sistema solare si sia formato da una nuvola interstellare di gas e polveri. Se il Sole, i pianeti e le lune derivano dalla stessa materia, *dovrebbero* avere le stesse somiglianze, invece ogni pianeta è

unico. Il Sole è per il 98% Idrogeno ed Elio, mentre la Terra, Marte, Venere e Mercurio hanno meno dell'1% di questa componente.
Se il sistema solare è il risultato di un'evoluzione, allora tutti i pianeti dovrebbero girare nella stessa direzione. Tuttavia Plutone e Venere girano all'inverso. Mentre Urano è poggiato su di un lato girando come una ruota.
Tutte le lune del nostro sistema solare dovrebbero orbitare attorno ai loro pianeti nello stesso verso, ma almeno sei hanno un'orbita al contrario. In oltre le lune di Nettuno, Saturno e Giove orbitano in entrambe le direzioni.
Se il pianeta fosse nato attraverso "piccole" collisioni, non potrebbe girare perché gli impatti sarebbero stati largamente autoannullanti. *Eppure tutti i pianeti si muovono*[3], alcuni più di altri.
Lo sviluppo di un pianeta grande, gassoso e distante come Giove o Saturno pone un ostacolo insormontabile per gli evoluzionisti perché i gas si dissipano rapidamente nel vuoto dello spazio, e per sino stelle giovani simili al nostro Sole non hanno abbastanza Idrogeno ed Elio per formare un unico Giove.
Gli scienziati non sanno spiegare il perché quattro pianeti sono circondati da anelli, involucri di gas e che ognuno sia così unico.
Le teorie sulle origini delle lune sono altrettanto inadeguate. Gli elementi della Luna sono troppo dissimili da quelle della Terra. La sua orbita e le sue fasi evolutive mostrano chiaramente che è stata creata con la sua attuale orbita.

---

[3] "Eppur si muove" *[cit. di Galileo Galilei]*

Malcolm Bowden - *Ingegnere e Scrittore*
"Non ci sono prove che il sistema planetario sia venuto all'esistenza semplicemente attraverso processi meccanici. Tuttavia, quando gli scienziati hanno iniziato a guardare all'incredibile Universo in cui vivevano, si convincevano sempre di più che c'erano elementi troppo ben strutturati per l'esistenza dell'uomo, delle molecole, della vita organica. Più osservavano più si rendevano conto che noi, in effetti, viviamo in un Universo che è stato disegnato in modo preciso e l'uomo ne è il centro."

Chuck Missler - *Ingegnere e Scrittore*
"Se cercassimo di modellare l'Universo, se provassimo a costruire un modella matematico che rifletta ciò che conosciamo, scopriremo ben presto che ci sono migliaia di parametri i quali, se cambiati minimamente renderebbero la vita impossibile.
Scopriremo velocemente che se la Terra fosse un po' più vicina o un po' più lontana dal Sole ci sarebbe più caldo o più freddo. Se girasse a una velocità appena diversa e se le loro masse sarebbero appena diverse ci sarebbe troppa o troppa poca atmosfera.
Se cercassimo di modellare tutto questo, scopriremo presto che tutti i parametri implicano un equilibrio molto delicato. Gli scienziati lo chiamano il Principio Atrofico, per significare che tutto ciò che conosciamo è stato magistralmente disegnato per l'uomo [...]"

La Terra è a una precisa distanza dal Sole. È stato calcolato che se fosse anche solo il 5% più vicino, le acque degli oceani, laghi e fiumi bollirebbero; se fosse solo l'1% più lontana le gli oceani ghiaccerebbero. Questi calcoli ci aiutano a comprendere l'idea di quanto noi uomini viviamo sul filo del rasoio.

"[...] la gravità della superficie della Terra è esatta; con più gravità avremmo troppa pressione atmosferica, con meno non avremmo un'atmosfera.
Lo spessore della crosta terrestre è essenziale.
Il periodo di rotazione della Terra e l'inclinazione gravitazionale della Luna devono essere esatti. Tutto ciò contribuisce a rendere possibile la vita secondo il Principio Atrofico, prova schiacciante a testimonianza che dietro a tutto questo "creato" ci sia un disegnatore, un artefice. Gli scienziati non vogliono ammetterlo perché l'esistenza di un progettista implicherebbe una responsabilità nei suoi confronti."

Il fatto che la Terra sia stata studiata specificamente per la vita non è una sorpresa per gli scienziati creazionisti. La Bibbia ha dichiarato questo fatto migliaia di anni fa.

"Infatti, così parla il Signore che ha creato i cieli, il Dio che ha formato la terra, l'ha fatta, l'ha stabilita, non l'ha creata perché rimanesse deserta, ma l'ha formata perché fosse abitata: Io sono il Signore e non ce n'è alcun altro." **Isaia 45:18**

Nel 1992 il Fisico premio Nobel Arno A. Penzias ha detto: *"L'astronomia ci conduce ad un unico evento, un Universo creato dal nulla con un equilibrio molto delicato, indispensabile per prevedere le esatte condizioni necessarie per permettere la vita. E con un progetto di base - si potrebbe dire - soprannaturale."*

L'Astronomo George Greenstein afferma nel suo libro *"The Symbolic Universe"*: *"Osservando l'evidenza, un pensiero continua a venire alla mente. Dev'esserci un'Agente soprannaturale all'opera. È possibile che all'improvviso, senza volerlo, ci siamo imbattuti in prove scientifiche dell'esistenza di un Essere Supremo?"*

È stato Dio a intervenire e a creare un Universo così perfetto per noi?
Più si studia il cosmo, più le parole del salmista sembrano giuste:

"I cieli raccontano la gloria di Dio e il firmamento annunzia l'opera delle Sue mani. Un giorno rivolge parole all'altro, una notte comunica conoscenza all'altra, non hanno favella né parole: la loro voce non si ode". **Salmo 19:1-3**

L'evidenza mostra chiaramente che Dio abbia creato l'Universo e il sistema solare proprio per permettere la vita sulla Terra. Tuttavia molti preferiscono appoggiare la teoria del Big Bang piuttosto che credere nel *"Dio della Bibbia"*.
Alla luce delle osservazioni e delle dichiarazioni affrontate fin ora, nella prossima sezione di questo capitolo esamineremo la possibilità che la vita sia scaturita *spontaneamente da sostanze chimiche*.

Evoluzione Chimica

L'evoluzione chimica della Terra primordiale ha prodotto la vita?
Secondo il pensiero evoluzionista, tutta la vita, batteri, pesci, piante, animali e l'uomo hanno avuto luogo da composti chimici.
La teoria che la vita sia iniziata da sostanze chimiche non viventi si chiama *"Generazione Spontanea"*[4].

Gary Parker - *Biologo*
"Una delle leggi fondamentali della Biologia è la Biogenesi. La vita ha avuto origine solo da una vita preesistente. Naturalmente per un creazionista questo non è certamente una sorpresa: la vita è stata creata per riprodursi secondo la propria specie. Questo ha un senso per il creazionista; per l'evoluzionista c'è stato un periodo nel passato quando non esisteva nessun tipo di vita che in qualche modo sostanze chimiche si sono aggregate e hanno creato delle cose viventi, la Generazione Spontanea, appunto.
Ci sono però degli enormi problemi da affrontare per dimostrare come un gruppo di composti chimici sia arrivato alla vita.
Alcuni anni fa Stanley Miller fece un esperimento diventato famoso: usò delle sostanze semplici come Metano, Ammoniaca, vapore acqueo, li colpì con una scintilla elettrica per simulare i lampi che caratterizzavano l'atmosfera della Terra primordiale e in poche settimane ebbe degli Aminoacidi, elementi essenziali delle Proteine.

---

[4] Prodotti Chimici + Tempo = Vita?

Tutto ciò fu considerato quasi come la "Creazione della vita in provetta". Ho usato questo esempio quando insegnavo l'evoluzione, ma mi sono soffermato al resto delle prove e ci sono tre problemi in quel brillante esperimento:
1. Nel primo, Stanley ha usato i materiali sbagliati;
2. Secondo, ha utilizzato le condizioni sbagliate;
3. E terzo, ha ottenuto i risultati sbagliati.
Ma a parte questo fu un esperimento brillante."

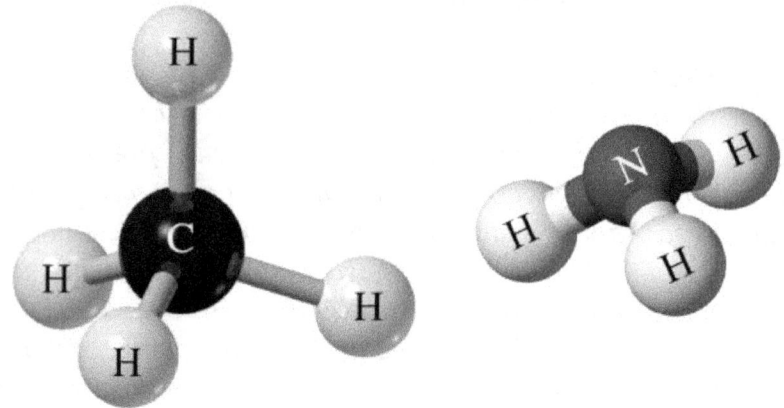

L'esperimento di Miller dava per scontato un'atmosfera di Metano (CH_4) e Ammoniaca (NH_3), gas che non poteva essere presente in gran quantità perché l'Ammoniaca sarebbe stata decomposta dai raggi ultravioletti e il Metano si sarebbe dovuto trovare in sedimenti antichi di argilla, ma non lo è stato. Miller escluse l'ossigeno perché sapeva che esso avrebbe distrutto proprio le stesse molecole che cercava di produrre, ma rocce ossidate trovate in scavi più profondi indicano la presenza di un'atmosfera ricca di ossigeno.

Dwayne Gish - *Biochimico*
"La Terra non aveva un'atmosfera riducente, diciamo un'atmosfera di metano, ammoniaca e idrogeno come

*suggerisce l'esperimento di Stanley Miller. Tale atmosfera non è mai esistita e la Geologia lo insegna chiaramente.
Ci sono solide evidenze che la Terra ha sempre avuto l'ossigeno nella sua atmosfera. Questo avrebbe assolutamente precluso una qualsiasi origine evolutiva della vita."*

Miller, come già detto, si servì anche delle condizioni sbagliate. Usò una scintilla elettrica per combinare le molecole di gas; il problema è che la stessa scintilla che mette insieme agli Aminoacidi li divide anche. Ed è più brava a distruggerli che a crearli.

Gary Parker - *Biologo*
*"Il problema era che le stesse sostanze chimiche nella provetta sarebbero state separate proprio dalla stessa scintilla che avrebbe dovuto tenerle insieme.
Miller, come Biochimico, lo sapeva e così fece circolare i gas, racchiuse le molecole che voleva usando un bel noto artificio biochimico, ma questo sarebbe stato imbrogliare perché avrebbe dovuto dire che così era cominciata la vita prima che ci fosse un disegno intelligente per preservare queste molecole da quella forza distruttrice in condizioni sbagliate, così ottenne altrettanti risultati sbagliati [...]"*

Il prodotto principale dell'esperimento di Miller fu il Catrame, un danno nelle reazioni organiche.
Furono prodotte anche tracce diverse di Aminoacidi che formano le proteine degli organismi viventi.
Il problema è che l'esperimento di Miller produsse Aminoacidi "destrorsi" e "sinistrorsi". Solo gli Aminoacidi con molecole a *sinistrorsa* formano le proteine della vita e di una sola molecola di struttura *destrorsa* impedisce la loro produzione.

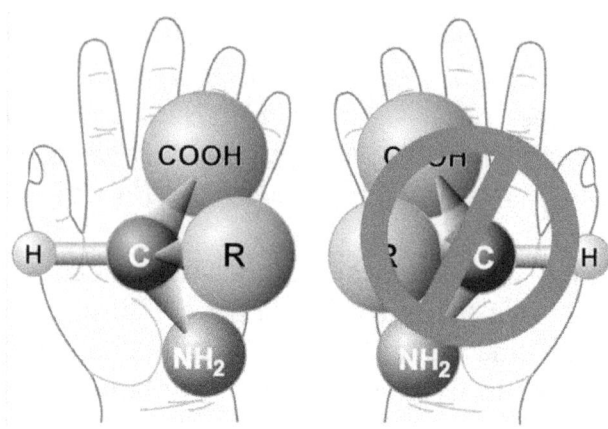

Quello che, in effetti, Miller produsse fu un miscuglio velenoso che avrebbe distrutto qualsiasi speranza di un'evoluzione chimica della vita:

ESPERMENTO DI MILLER	
Prodotto	
Catrame *(tossico)*	85%
Acido Carbossilico *(tossico)*	13%
Aminoacidi	2%

"[...] potreste dire - "ma se quello che hai appena detto è vero che ne è di tutti gli evoluzionisti che credono in questo esperimento?" - sorprendentemente gli evoluzionisti sono d'accordo con me.
Una volta ero presente a un dibattito alla San Diego State University, come spettatore non facevo parte del dibattito, ma due miei amici il Dott. Hanry Morris e il Dott. Dwayne Gish, rappresentavano la posizione creazionista e alla fine qualcuno del pubblico disse - "signore e signori abbiamo il privilegio

questa sera di avere fra il pubblico il Dott. Stanley Miller" - Gish aveva appena spiegato perché "l'esperimento Miller" non poteva produrre la vita dalla "non vita" così quello spettatore chiese al Dott. Miller - "vorrebbe rispondere a quanto detto dal Dott. Gish sui suoi esperimenti sull'evoluzione chimica?" - "No!" - fu la risposta di Miller, perché lui stesso aveva smesso di crederci da decenni riconoscendo gli stessi problemi."

Dwayne Gish - *Biochimico*
"Direi questo; qualsiasi teoria sull'origine della vita sulla Terra o su quella di altri pianeti... è una favola!"

L'evoluzione insegna che l'energia come i lampi o il calore più la materia può occasionalmente creare nuova vita. Tuttavia, l'intera industria alimentare si poggia sul fatto che questo non può accadere.

Esaminiamo un barattolo di marmellata. Contiene della materia ed è esposta alla luce e al calore, ma salvo che una vita esterna lo contamini *(un insetto per esempio)*, all'interno non troviamo nuova vita.

Chuck Missler - *Ingegnere e Scrittore*
"Se la teoria dell'evoluzione fosse credibile, sottoponendo il barattolo all'energia potrei occasionalmente avere, alla fine, nuova vita. Se andassimo in un negozio e aprissimo un barattolo di marmellata, forse era la mente, dovrei scoprire all'interno della nuova vita. Tuttavia, aprendo il barattolo scopro che non c'è nuova vita... ne sono contento.
Forse questo esempio vi farà sorridere ma speriamo che non lo dimentichiate, perché voi ed io ogni anno facciamo miliardi di esperimenti. E questo da diverse centinaia di anni e non

abbiamo mai incontrato della nuova vita. Infatti, l'intera industria alimentare del mondo dipende dal fatto che non avviene nessun tipo di evoluzione."

La tesi dell'evoluzione chimica diventa sempre più debole quando consideriamo che lunghe catene di specifici Aminoacidi, tutte esattamente nella giusta posizione, siano necessarie per formare le proteine della vita. Peggio ancora gli Aminoacidi, non si legano naturalmente per formare le proteine ma tendono a decomporle.

Malcolm Bowden - *Ingegnere e Scrittore*
"Le proteine possono essere lunghe due o tremila Aminoacidi, sostanze chimiche molto complesse, molto simili a un software del computer. Ogni Aminoacido deve essere nella giusta posizione e se uno è fuori posto all'ora l'intera proteina è inutilizzabile, proprio come un qualsiasi programma di computer."

Richard Milton - *Autore di "Shattering the Myths of Darwinism."*
"Le improbabilità nascoste nel Darwinismo cominciano prima ancora dell'inizio della vita. Come si è formata la prima molecola proteica?
I teorici dell'informazione e i biologi molecolari hanno lavorato parecchio su quest'argomento per investigare la probabilità di poter armeggiare con le proteine per vedere se possono o meno esser smontate e rimontate. Il lavoro dei due gruppi ha scoperto che la probabilità che una proteina possa nascere per caso, è così minima da essere in sostanza impossibile.
Sarebbe possibile se si disponesse dell'eternità, ma i darwinisti non hanno l'eternità a disposizione [...]"

Il teorico dell'informazione lo scienziato Hubert Yoki ha calcolato, con la conferma del Biologo Robert Sawer, che la probabilità che una proteina contenente cento Aminoacidi possa formarsi spontaneamente è inferiore a una probabilità su dieci elevato alla sessantacinquesima potenza [10^{65}]. Un evento così è talmente improbabile che possa essere paragonato alla probabilità di vincere la lotteria con un biglietto trovato per strada e di continuare a trovare il biglietto fortunato ogni settimana per mille anni.

"[...] il problema della primissima forma di vita derivata da sostanze chimiche complesse è così immenso che nessun evoluzionista è stato mai in grado di risolverlo e rappresenta uno degli ostacoli più ardui per la teoria dell'evoluzione che io conosca."

Anche se le proteine si formassero *"miracolosamente"*, ancora non saremmo vicini a produrre la vita. Infatti, la più semplice cellula vivente richiede migliaia di particolari proteine per svolgere le sue funzioni vitali.

Mark Eastman - *Autore di "The Creator Beyond Time and Space."*
"Numerosi scienziati hanno cercato di calcolare la probabilità che la vita sia iniziata per caso.
Sir Fredrich Hoil, Matematico britannico, con l'ausilio di un super computer e l'assistenza di laureati ha studiato le eventualità delle origini delle proteine di un Ameba[5], duemila

---

[5] Detto anche **Ameoba** o **Amoeba**, viene considerato come un genere di Protozoi, appartenenti alla classe dei Rizopodi. Il termine - *dal greco* ἀμοιβή - significa *"cambio, trasformazione."*

in tutto. Egli concluse che la probabilità che le proteine Ameba possano avere origini per caso è di 1 su $10^{40.000}$

La probabilità di uno su dieci elevato alla quaranta millesima potenza è assurdamente piccola. Per illustrare ciò si consideri che la probabilità di afferrare uno specifico atomo all'interno dell'Universo sia di una possibilità su 10^{80}.
Al termine di questi calcoli Sir Frederich Hoil ha affermato: *"La probabilità della formazione della vita dalla materia inanimata è di un numero seguito da quarantamila zeri. ... Ciò è sufficiente per seppellire il Darwinismo e tutta la teoria dell'evoluzione. Non c'è stato brodo primordiale, né su questo pianeta né su un altro, e se l'inizio della vita non è avvenuto per caso allora deve essere il prodotto di un intelligenza già esistente."*

Dave Hunt - *Scrittore e Docente*
"Possiamo provare matematicamente che l'evoluzione è semplicemente una menzogna e che non è potuta avvenire. Richard Dawkins, ad esempio, uno degli eminenti evoluzionisti, nel suo libro "L'orologiaio Cieco", riconosce che il nucleo di ogni cellula vegetale, animale o umana ha una quantità di dati più grande dei trenta volumi dell'enciclopedia britannica."

Tutta la vita vegetale, animale e umana è composta di cellule. Ogni cellula è una città in miniatura che mostra tutte le funzioni necessarie alla vita. La membrana della cellula è auto rinnovante ed è formata da speciali proteine che controllano sia l'esterno della cellula sia la selezione delle molecole che possono attraversarla. Queste proteine funzionano come pompe di servizio e controllano l'ingresso delle sostanze nutritive e l'espulsione di quelle di rifiuto.

La parte interna di una cellula è di una complessità impressionante. Ad esempio, il *Reticolo Endoplasmatico* è una rete di canali sottilissimi lungo i quali ci sono corpuscoli sferici chiamati Ribosomi che sono delle vere e proprie fabbriche delle proteine. I Ribosomi producono molti tipi di specifiche proteine, mentre il Reticolo Endoplasmatico le indirizza in precise destinazioni.

L'*Apparato di Golgi* trasporta le proteine alla membrana esterna, mentre i Lisosomi agiscono da organi digestivi, che decompongono e riciclano le macromolecole in strutture cellulari ancora servibili alla cellula.

I *Mitocondri* sono le centrali energetiche di respirazione della cellula, infatti, producono il carburante per compiere i processi vitali.

Il *Nucleo* contiene la centrale operativa che dirige l'attività della cellula. All'interno del Nucleo troviamo i *Cromosomi* che contengono il *DNA Molecolare*, un archivio o biblioteca con tutte le informazioni in codice necessarie per la vita.

Miliardi d'istruzioni sono codificate in questa molecola che individua e corregge gli errori e infine si auto riproduce.

Solo se queste strutture fossero create simultaneamente la cellula potrebbe funzionare. Ad esempio, per produrre il DNA, una cellula ha bisogno di oltre settantacinque tipi diversi di proteine ma quest'ultime sono prodotte solamente sotto la direzione del DNA.

L'unica soluzione a questo dilemma è *La Creazione*.

Gary Parker - *Biologo*
"La probabilità che il DNA possa produrre proteine dall'origine della sua stessa struttura molecolare è così assurda come fare tredici con due dadi da gioco.

Non esistono le premesse, in cui la probabilità è uno zero assoluto."

L'evoluzione insegna che i batteri furono le prime forme di vita a scaturire da composti chimici. Molti batteri si muovono spinti da una specie di motore in miniatura chiamato *"flagello"*. Questi motori reversibili e veramente efficienti ruotano fino a centomila giri al minuto. Il motore del batterio è simile a quello elettrico, ha un filamento che funzione come a un'articolazione universale, formata da una parte fissa chiamata "Statore", una mobile chiamata "Rotore" e da un albero motore con ramificazioni.

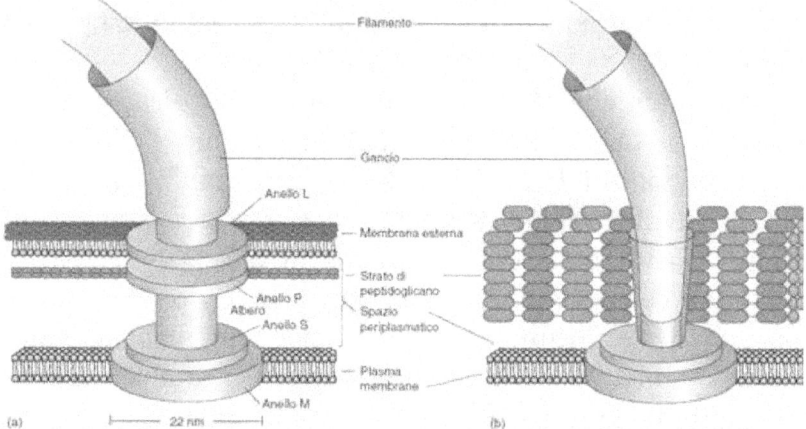

Ogni parte del motore deve funzionare altrimenti il batterio muore. I batteri possono muoversi, fermarsi, cambiare direzione e velocità perciò devono avere sensori raffinati, interruttori e meccanismi di controllo, tutti molto miniaturizzati. Infatti, otto milioni di questi motori entrano comodamente in una sezione trasversale di un capello mano.
I batteri sono piccoli, ma non certo semplici.

John Morris - *Geologo*
"Penso che probabilmente, l'anello più debole di tutta la teoria dell'evoluzione sia l'idea che l'origine della vita provenga da sostanze chimiche inanimate. È probabilmente più facile ottenere una persona partendo da una cellula che da sostanze chimiche arrivare alla vita. Il divario è incredibilmente enorme. Sono convinto che la vita sia così complessa, così perfettamente divisa che dove esiste è stata creata da Dio. Non è possibile che sia avvenuta per processi naturali.
La vita ha origine da un Creatore e il Creatore ci dice che è Lui ha creato la vita sulla Terra. È così incredibilmente complessa che debba per forza essere stata creata.

Nessuna forma di vita è semplice e questo dimostra l'opera di un Architetto. Gli scienziati lo sanno, ma molti di essi credono nell'evoluzione chimica piuttosto che dover rendere conto al Creatore Dio della Bibbia.
Nella prossima sezione esamineremo la posizione evoluzionista alla quale sostiene che la vita da *semplice* si è evoluta in *complessa*.

Evoluzione Biologica

Dando per scontato che la vita sia comparsa sulla Terra miracolosamente, è possibile che da una singola cellula vivente si arrivi a forme così complesse come le piante e gli animali che vediamo oggi?

Richard Milton - *Autore di "Shattering the Myths of Darwinism."*
"L'idea di Darwin era proprio che tutto, qualsiasi cosa vivente sulla Terra si può far risalire ad un comune progenitore. I Darwinisti credono che tutta la vita terrestre di qualsiasi specie si sia evoluta attraverso il processo della spontanea mutazione genetica, accompagnata dalla selezione naturale o sopravvivenza del più forte.
Il fatto sorprendente è che nonostante la teoria sia stata accettata universalmente da oltre un secolo, non ci sono assolutamente prove dirette per sostenerla."

Mark Eastman - *Autore di "The Creator Beyond Time and Space."*
"Darwin ha sollevato l'evidenza della diversa grandezza dei fringuelli, piccoli, grandi, medi.
C'erano fringuelli con becchi grandi, spessi, lunghi e sottili. Darwin ha affermato che questi becchi erano la prova dell'evoluzione. In realtà questi becchi erano il risultato di una variabilità genetica che esisteva già in questa popolazione di uccelli.
Se prendiamo due fringuelli di media grandezza con due becchi di altrettanta grandezza e li alleviamo, avremo alcuni fringuelli con dei becchi piccoli e altri con dei becchi più grandi e col tempo questi fringuelli andranno in ambienti

diversi e allora i loro becchi diventeranno nella misura necessaria per quell'ambiente diventando così, predominanti.
Il punto è che la capacità di adattare becchi piccoli, medi o grandi era già insita nei geni della popolazione genitoriale dei fringuelli risiedenti alle Galapagos e la differenza ambientale è stata determinante per la loro attuazione. Non c'è stata creazione di informazioni uniche e nuove."

Richard Milton - *Autore di "Shattering the Myths of Darwinism."*
"Il guaio è che tutti questi fringuelli si incrociano fra di loro e questa è la prova biologica di appartenenza a una specie. Due creature che si accoppiano e producono piccoli vivi e fertili vengono considerati della stessa specie, e tutti i fringuelli delle Galapagos hanno queste caratteristiche, per cui non ci sono specie diverse."

Chuck Missler - *Ingegnere e Scrittore*
"Se l'evoluzione fosse vera non dovremmo preoccuparci dell'estinzione delle specie perché se ne creerebbero delle nuove. Invece non abbiamo nuove specie, ma al contrario assistiamo al deterioramento e alla scomparsa di molte forme di vita."

Charles Darwin teorizzò che dando a un certo animale un tempo sufficiente esso potrebbe evolversi in un altro. E questa è la base dell'albero genealogico evoluzionista della vita insegnato in Biologia.
Darwin stesso però riconobbe la mancanza di fosse di transizione negli strati rocciosi.
Infatti, quando scrive al proposito degli Anelli di congiunzione affermò: *"Anelli di congiunzione? La geologia per certo non rivela una tale catena organica perfettamente graduata; e*

questa è la più ovvia e seria obiezione che si possa fare contro la mia teoria [di evoluzione]"

Richard Milton - *Autore di "Shattering the Myths of Darwinism."*
"Il problema principale nel Darwinismo è trovare le prove fisiche. Dove cercheresti queste prove? Senz'altro nelle rocce, nei sedimenti rocciosi, nei fossili. I fossili vengono collezionati da centinaia di anni, da secoli. In ogni Università e in ogni museo del mondo ci sono miliardi di fossili ma non sono specie intermedie.
Se osserviamo a un qualsiasi strato, troviamo un solo tipo di fossile, se guardiamo lo strato superiore, ne troviamo un altro di tipo diverso. Quello che non troveremo è un cambiamento graduale."

Dwayne Gish - *Biochimico*
"Una delle prove maggiori della creazione si trova nei fossili. Ad esempio, nelle cosiddette "Rocce Cambriane" troviamo un vasto assortimento di fossili d'invertebrati come molluschi, lumache, meduse, vermi, brachiopodi, trilobiti e altri invertebrati molto complessi, ma da nessuna parte sulla faccia della Terra qualcuno ha mai trovato un fossile che sia stato progenitore di uno di questi complessi invertebrati.
Proprio questo singolo fattore demolisce la teoria dell'evoluzione [...]"

Gli evoluzionisti affermano che questi invertebrati a loro volta si siano evoluti in vertebrati come i pesci, però, negli ultimi 150 anni gli scienziati hanno portato alla luce miliardi di fossili d'invertebrati e di vertebrati e non hanno trovato una singola forma di transizione.

"[...] qualsiasi grandi specie di pesci di cui siamo a conoscenza appare completamente formata. Gli evoluzionisti sono informati che non c'è traccia di antenati né forme di transizione che colleghino questi gruppi l'uno all'altro.
Ora, se non abbiamo antenati per i pesci, vertebrati, e neppure per gli invertebrati vuol dire che l'evoluzione è impossibile."
Uno studio sulla sedimentazione geologica conferma che i principali gruppi di animali appaiono all'improvviso e completamente formati.
Ad esempio, esistono un'enorme varietà e complessità nel mondo degli insetti.
Tuttavia, gli evoluzionisti non offrono prove convincenti che gli insetti si siano evoluti da un comune antenato. Lo stesso problema vale per la stragrande varietà degli anfibi, dei rettili e dei mammiferi.
L'albero evoluzionistico della vita non ha né tronco né rami perciò tutti i presupposti anelli intermedi sono solo *cieche speculazioni.*

Richard Milton - *Autore di "Shattering the Myths of Darwinism."*
"A volte i Darwinisti tirano fuori degli esempi di ciò che chiamano transizione, credo che l'esempio più conosciuto sia l'Archaeopteryx ossia mezzo dinosauro e mezzo uccello. Il guaio è che se esaminiamo il dinosauro che dovrebbe essersi evoluto, troviamo che nessun tipo di dinosauro ha una clavicola e tutti gli uccelli hanno invece uno sterno carenato che sostiene i muscoli pettorali atti a muovere le ali."

Dwayne Gish - *Biochimico*
"Nel passato è stato affermato che l'Archaeopteryx altro non era che un rettile evoluto, ma ancora non ho visto un rettile al

quale si possano "incollare" un po' di piume e che con una spintarella alla coda voli. No! L'Archaeopteryx volava, aveva le ali e non era certo un rettile pennuto. Infatti, ho qui sottomano un articolo pubblicato nel Marzo del 1996 nel "Giornale di Paleontologia dei Vertebrati" nel quale l'autore dice – "Le caratteristiche ornitologiche del cranio dimostrano che l'Archaeopteryx è un uccello piuttosto che un archeosauro pennuto non adatto al volo."

Richard Milton - *Autore di "Shattering the Myths of Darwinism."*
"L'anello mancante più importante di tutti naturalmente è quello fra una scimmia e l'uomo...

| A. afarensis | A. africanus | A. robustus | A. boisei | H. habilis | H. erectus | H. sapiens (archaic) | H. sapiens (Neandertal) | H. sapiens (modern) |

... Questo è l'anello mancante che più ci interessa se mai lo trovassimo. A sentire i Darwinisti però si potrebbe pensare che ne siano stati trovati in abbondanza ma la verità è che questi anelli non esistono per niente.
Tutti i fossili trovati fino ad ora sono stati classificati, riclassificati come umani o come primati e l'anello mancante persiste ancora dall'essere mancante."

Malcolm Bowden - *Ingegnere e Scrittore*
"Ho studiato per anni questi cosiddetti anelli mancanti fra l'uomo e la scimmia e ho scoperto che ogni singolo anello non è collegato affatto. Ad esempio, l'Australopiteco con lo scheletro di Lucy altro non è che solamente il 40% dello scheletro di una scimmia non molto grande e nessun osso di esso prova che abbia mai camminato in posizione eretta."

Richard Milton - *Autore di "Shattering the Myths of Darwinism."*
"La cosa interessante è che rappresentano Lucy con caratteristiche umane, come la posizione eretta, mani e piedi simili a quelli umani. Dai rapporti di Randoll e Susmann si evince abbastanza chiaramente che Lucy aveva mani e piedi lunghi e ricurvi, addirittura più di alcuni scimpanzé.

Diversi autorevoli anatomisti sono arrivati alla conclusione che l'Australopiteco e il genere cui Lucy appartiene sia semplicemente un tipo di scimmia estinta e non ha niente a che fare con l'uomo.

Se analizziamo il cosiddetto anello mancante, scopriremo una serie di frodi, inganni e speculazioni.
Ad esempio, l'*homo del Nebraska*, con tutta la sua famiglia è stato ricostruito cominciando dal dente di un maiale; l'*homo di Piltdown* oggi è universalmente considerato come una grande burla, infatti è formato da una mascella di scimmia e da un teschio umano falsificato per sembrare vecchio.
I *Neanderthaliani* erano persone normali affette da artrite, rachitismo e sifilide.
Il *Ramapiteco*, il *Gigantopiteco* e lo *Zinjantropo* erano dei gorilla mentre l'*homo di Heiderberg* e di *Cromagnon* erano umani.
Così, nonostante le affermazioni fuorvianti degli evoluzionisti, l'anello mancante non è ancora stato scoperto.

Gary Parker - *Biologo*
"*Una delle teorie più divertenti in circolazione oggi è che il DNA dell'uomo e dello scimpanzé siano identici al 98,3%. Come genetista trovo questo molto umoristico, perché neanche voi siete così identici a voi stessi. Infatti, i geni che avete ereditato da vostra madre e i geni che avete ereditato da vostro padre sono al massimo simili per il 93%.*"

Mark Eastman - *Autore di "The Creator Beyond Time and Space."*
"*Gli scienziati affermano che l'emoglobina di uno scimpanzé è uguale per il 98% a quello di un essere umano. Quello che non dicono è che ci sono molti altri organismi, incluse le*

muffe del terriccio fangoso, i quali hanno l'emoglobina molti simile a quella dell'uomo."

Gary Parker - *Biologo*
"Se vogliamo, l'uomo e lo scimpanzé hanno molte cose in comune, respirano la stessa aria, hanno muscoli ed ossa, digeriscono nello stesso modo; se siamo stati creati dallo stesso Dio è normale che abbiamo molte similarità.
"Facciamo finta che..." ci sia del vero in quella percentuale, anche se non so proprio da dove sia spuntata, ed esaminiamo una nuvola, una medusa e un'anguria.
Sono tutte composte per il 98% di acqua e usando la logica degli evoluzionisti non c'è alcuna differenza fra la nuvola, la medusa e l'anguria. Ma quel semplice 2% fa un enorme differenza tra l'uomo e lo scimpanzé."

Nel primo capitolo della Genesi leggiamo che Dio ha creato tutte le cose viventi secondo la loro specie affinché si riproducano e riempiano la Terra.
Questo è esattamente quello che vediamo.
Se come dicono gli evoluzionisti, un rettile si è evoluto in un uccello, con chi si sarebbe accoppiato quell'uccello?
Inoltre, tutte le forme intermedie sarebbero state inevitabili.
Che scopo avrebbe una mezza ala o un mezzo becco?
Tutti gli animali hanno organi complessi necessari per la loro sopravvivenza, ad esempio i delfini e i pipistrelli hanno un sofisticato sistema "radar" che usano per localizzare il cibo. Se questi efficienti radar non fossero completamente funzionanti, essi morrebbero.
Le prove scientifiche della creazione sono schiaccianti, mentre gli evoluzionisti sono costretti ad ammettere che *secondo la loro prospettiva "sia per l'origine della vita sia per quella dei*

principali gruppi di animali, le prove rimangono sconosciute".[6]

Gli evoluzionisti stanno cercando disperatamente di sostenere la loro improbabile teoria piuttosto che riconoscere il Dio Creatore della Bibbia.
Nonostante ciò, le prove a sostegno della creazione sono in continuo aumento. Come posiamo sapere che il Dio della Bibbia è il Creatore?

Mark Eastman - *Autore di "The Creator beyond Time and Space."*
"Nel XX secolo le prove scientifiche hanno dimostrato che lo spazio, il tempo e la materia sono "finiti". E questo ci dice che il Creatore, come insegna la Bibbia, è un essere infinito, trascendente, ossia indipendente dallo spazio e dal tempo ma che può agire all'interno della nostra dimensione spazio-temporale.
Nessun altro Libro Sacro parla di un tale Creatore."

Chuck Missler - *Ingegnere e Scrittore*
"Se consideriamo qualsiasi altro libro religioso, troviamo che tutti presentano e presumono un Universo e un Dio tridimensionali. È sorprendente notare che soltanto la Bibbia, nella sua unicità, presenti un Dio trascendente."

Chuck Smith - *Studioso Biblico*
"Per anni, gli astronomi hanno creduto che intorno alla Terra ci fossero seimila stelle. Finché non è arrivato Galileo con il

---

[6] Arthur G. Fisher - *Evolutionist*, op. cit. in Bibliografia

suo telescopio. E immediatamente gli scienziati si sono resi conto che le stelle del firmamento sono innumerevoli.
Miliardi di galassie, miliardi di stelle in queste galassie, innumerevoli corpi celesti, proprio come Dio aveva detto ad Abrahamo tanto tempo fa, nel primo libro della Bibbia, la Genesi."

Attraverso tutta la Bibbia, troviamo i riferimenti all'Universo fisico che solo recentemente gli scienziati hanno scoperto.
Ad esempio, nel libro di Giona al capitolo 2 ai versetti 5 e 6 leggiamo: *"Le acque mi hanno sommerso; l'abisso mi ha inghiottito; le alghe si sono attorcigliate alla mia testa. Sono sprofondato fino alle radici dei monti".*

In questi versetti è detto che ci sono montagne nel fondo dell'oceano. Precisamente, la vicenda in cui Giona si ritrova inghiottito dal *grosso pesce*, si svolge tra le acque dell'isola di Cipro e le coste arabiche, nel Mar Mediterraneo, dopo essere stato gettato in mare dai marinai.
Gli scienziati l'hanno scoperto solo nel XX secolo.

Nel libro di Giobbe (26:7) egli proclama che Dio ha sospeso la Terra nel nulla, mentre molte altre culture e tradizioni ci raccontano altre versioni sulla realtà fisica dell'Universo. La scienza moderna non può che dar ragione alle affermazioni della Bibbia, vecchie di 13 secoli e mezzo, lontane di 3.500 anni.

"Per fede comprendiamo che i mondi[7] sono stati formati dalla Parola di Dio; così le cose che si vedono non sono state tratte da cose apparenti" **Ebrei 11:3**

Solo recentemente gli scienziati hanno scoperto che ogni cosa nell'Universo è formata da particelle subatomiche che, in effetti, sono invisibili a occhio nudo.
Certamente, gli autori biblici erano ispirati dal Creatore dell'Universo. Molte altre verità scientifiche sono state rivelate nella Bibbia secoli prima che l'uomo le scoprisse.

Alcuni esempi biblici - *qualcuno anche già trattato alle prime pagine di questo libro* - ai quali il lettore è invitato a prenderne visione:

- Fissione Atomica   2 Pietro 3:10
- Correnti Oceaniche   Salmo 8:8 - Isaia 43:16
- Ciclo dell'Acqua   Giobbe 36:2 - Amos 9:6
- Correnti aeree   Ecclesiaste 1:6,7
- Dinosauri   Giobbe 40-41 - Salmo 74:14
- Stelle incalcolabili   Geremia 33:22

---

[7] Nel Nuovo Testamento, il termine greco usato per la traduzione "mondi" è [eonas] αιωνας - il cui significato letterale non si riferisce affatto ad altri pianeti o comunque ad altri mondi per come farebbe alludere la tradizionale ed errata traduzione, ma si riferisce ad "epoche", "età", "tempi", "ere".
Il termine [eonas] αιωνας - significa quindi: ***"epoca, secolo"***.
Una traduzione corretta, dal testo greco, sarebbe come la seguente:
*"Per fede comprendiamo (che) sono stati disposti i **tempi** con la parola di Dio così che non da(lle) cose che appaiono l'essente visibile è stato fatto."*
La traduzione errata ha causato certamente molte critiche dal fatto che anche le Scritture, apparentemente, parlino di "altri mondi", mentre in realtà - *come abbiamo appena visto* - così non è!

Dave Hunt - *Scrittore e Docente*
"Sfido chiunque a trovare errori scientifici nella Bibbia, non ce ne sono".

Chuck Missler - *Ingegnere e Scrittore*
"Trovo affascinante che più conosciamo la Bibbia e più scopriamo che essa ha anticipato la scienza moderna."

Gary Parker - *Biologo*
"Come cristiani possiamo credere nella Creazione e nelle leggi scientifiche allo stesso tempo. Come scienziato preferisco credere in una teoria che dimostra con prove tangibili quello che possiamo osservare nella realtà."

John Morris - *Geologo*
"Sempre, quando studiamo, quando osserviamo, non smentiamo che la scienza conferma la Parola di Dio."

Chuck Smith - *Studioso Biblico*
"Voglio sfidare tutti coloro i quali la Bibbia sia piena di leggende a studiarla **"con una mente aperta"** *perché scopriranno che asserisce soltanto verità!"*

Bene, abbiamo potuto costatare cos'hanno avuto da dire gli scienziati a proposito di *"Creazione ed Evoluzione."*
I capitoli successivi di questo libro aiuteranno il lettore ad affrontare argomenti già molto discussi - *e anche meno discussi, se non anche indiscussi* - osservati sotto una chiave di lettura differente dal solito approccio di studio.

Non mi resta altro che augurare a te che stai leggendo un buon viaggio tra i misteri e le meraviglie che la Bibbia rivela.

CAPITOLO 2
OGNI SCRITTURA È ISPIRATA DA DIO

Le origini della Bibbia e i Masoreti

Certamente, dovendo esporre l'argomento molto discusso tra evoluzionisti e creazionisti circa le origini della Bibbia e sulla veridicità delle ispirazioni divine date le Sue affermazioni, è necessario dover fare un enorme balzo nel lontano passato, risalente alle epoche pre-diluviane, o meglio, pre-bibliche.

Il discorso che stiamo per affrontare non abbraccia in maniera diretta, *per adesso,* il tema della scienza, ma vuole esporre un accenno alle origini delle antiche divinità.

Gli studi dell'archeologia e della paleografia moderna ci offrono tantissime informazioni a riguardo, e ciascuno di questi antichi popoli ha tramandato molte testimonianze, rivelandoci delle cose davvero sbalorditive, proprio come testimoniano statuette, bassorilievi, sculture e incisioni varie di popoli antichissimi, raffiguranti degli *"umanoidi"* al quanto tecnologici, soprattutto nell'aspetto, *come se provenienti da luoghi molto lontani e tecnologicamente molto evoluti...*

Una delle civiltà di maggior risalto come i Sumeri, vissuti intorno al 3.500-3.700 a.C., ci ha lasciato tantissime testimonianze che in maniera sconvolgente troviamo scritte anche nella Bibbia.

Così come molti popoli antichi, i Sumeri avevano i loro déi, quindi un popolo incentrato all'adorazione *politeistica.*

Prima di intraprendere l'argomento principale di questo capitolo, ritengo sia utile e necessario esporvi in primo luogo e "brevemente" quale fosse la realtà vissuta e testimoniata da questi Sumeri in merito ai loro "déi" e le varie attinenze e parallelismi biblici che il lettore potrà costatare.

Per facilitarne il confronto sull'attinenza sumero-biblica del testo seguente, è consigliato al lettore di consultare i riferimenti alle note a piè di pagina ogni qual volta li incontra.

> L'UOMO, IL GIARDINO DI EDEN, LA CONOSCENZA DEL BENE E DEL MALE, LA CACCIATA DAL PARADISO TERRESTRE
> E IL DILUVIO SECONDO LE RIVELAZIONI SUMERICHE.
>
> Per i Sumeri gli "déi" erano identificati col nome di ANNUNAKI[8], corrispondente agli ELOHIYM della Bibbia.
> Le divinità principali erano:
> - AN, è il dio supremo degli ANNUNAKI;
> - ENLIL domina l'aria, i venti e le tempeste;
> - ENKI[9], *fratellastro di* ENLIL, è il dio della Terra;
> - NAMMU, dea generatrice *(madre della vita)*;
>
> e molti altri ancora, se ne possono contare a migliaia.
>
> Gli déi minori di questa numerosa schiera furono inviati sulla Terra con il compito di recuperare l'oro e minerali vari, utili all'atmosfera del pianeta in cui vivevano - NIBIRU - e poiché erano stanchi dei lavori forzati a cui erano sottoposti, si lamentarono con gli ANNUNAKI loro capi e si decise in fine di affidare il compito di queste estrazioni minerarie all'essere umano.
>
> Perciò, avendo selezionato l'essere umano più adatto e fisicamente più predisposto a questo genere di lavoro *(sia maschio che femmina)*, esso venne prima *"formato"* e *"preparato"* e poi collocato presso un'area protetta o *"quartier generale"* che chiamano E.DIN[10].

---

[8] L'interpretazione Sumera è *"Coloro che sono venuti dal cielo"*

[9] *Signore dell'acqua* e *Colui che svela i segreti. I Sumeri assegnarono un emblema con le sembianze di serpente.*

[10] Il termine Sumero E.DIN corrisponde all'iranico PAIRIDAEZA, cui segue il greco PARADEISOS (Senofonte), da cui deriva il latino PARADISUM (tutti con lo stesso significato di "LUOGO RECINTATO")che sfocia nel nostro "paradiso", luogo dove Adamo ed Eva vivevano.

Finalmente gli ANNUNAKI minori dediti a questo lavoro si riposarono per sempre dalle loro fatiche.[11]

ENKI - *custode delle terre del sud e dell'Abzu [miniere? - inferi?]* - ebbe il compito di seguire l'uomo durante questi lavori e di prendersene cura.

ENLIL, gerarchicamente superiore al fratellastro, incarica a ENKI di istruire l'uomo e di civilizzarlo, ma gli comanda di non concedere troppe informazioni circa il loro elevato grado di conoscenze biologiche, scientifiche e tecnologiche perché se l'uomo avesse iniziato a praticare le stesse cose di cui erano in grado questi "déi", gli uomini si sarebbero resi conto che effettivamente questi "déi" non erano poi così potenti, anzi.

Poiché ENKI col passare del tempo si era molto affezionato all'essere umano, non sopportava l'idea di vederlo vivere nell'ignoranza; provando compassione per esso e a insaputa del fratellastro, non riesce più a trattenersi e decide ugualmente di svelare all'uomo alcune informazioni che possiamo a questo punto definire *"Top Secret"*.

ENKI rivelò all'uomo i segreti della riproduzione, vale a dire le modalità teoriche e pratiche per concepire nuove vite[12].

I Sumeri ci dicono che la procreazione degli uomini era un compito che spettava esclusivamente alle ANNUNAKI femmine, di cui la già citata NAMMU ne faceva parte.

Quando ENLIL notò con sorpresa che l'uomo iniziava a riprodursi autonomamente si chiese in che modo potesse essere venuto a conoscenza dell'auto procreazione. Scoprendo che a rivelare tale *"segreto"* era stato proprio il fratellastro ENKI, ENLIL si adirò molto con lui sfogando la sua rabbia sull'uomo.

Secondo i reperti, le *maledizioni* che ENLIL inflisse all'uomo furono grossomodo pronunciate mediante le seguenti parole:

"Poiché eravamo noi ANNUNAKI a generare la vita di voi uomini, mentre adesso voi stessi siete a conoscenza del nostro segreto[13] che vi rende uguali a noi[14], andatevene via dal luogo[15] in cui vi abbiamo posto."

---

[11] **Genesi 2:2** "Il settimo giorno, Dio compì l'opera che aveva fatta, e si riposò il settimo giorno da tutta l'opera che aveva fatta."

[12] A quell'epoca gli esseri umani non sapevano cosa significasse *"accoppiarsi"* e le donne non avevano la ben che minima idea di cosa fosse una gravidanza né tantomeno della sofferenza fisica di un parto.

[13] Vi è una certa attinenza dall'albero biblico da cui scaturiva la conoscenza del bene e del male.

Noi non provvederemo più del cibo per voi, ma sarete voi stessi a procurarvelo da soli e con molta fatica; quanto alle vostre femmine, sapranno cosa significa sopportare i dolori del parto[16] poiché, durante la vostra ingenuità, era compito delle NOSTRE *femmine quello di generare la vita con il parto".*

Perciò ENLIL collocò dei guardiani[17] all'ingresso dell'E.DIN, affinché l'uomo non vi potesse più rientrare e non conoscere altri segreti se non quello di diventare immortale.

Man mano che la popolazione umana aumentava, i figli maschi degli ANNUNAKI notarono che le figlie femmine degli esseri umani erano molto belle e attraenti, adatte per l'accoppiamento, e poiché le ANNUNAKI femmine erano poche e quelle poche che c'erano erano già tutte impegnate con altri ANNUNAKI maschi, questi "FIGLI" decisero di scendere sulla Terra in sembianze umane e di formare delle coppie fisse.
Alcuni di essi si sceglievano anche più femmine d'uomo con cui convivere.
Da queste unioni iniziarono a essere generati i *"semi-déi"* o *"mezzosangue"* quali individui molto forti, potenti e furono dei Guardiani.[18]
ENLIL, non accettando che i FIGLI dei *"colleghi"* ANNUNAKI avessero legami con la razza umana rimanendone disgustato da tutta quella degenerazione, decise di porre fine a tutta la confusione che si era venuta a creare.
Da lì a poco un'imminente ondata radioattiva proveniente dall'Universo *[o dal Sole]* si sarebbe scontrata sulla Terra causando degli sconvolgimenti naturali tra cui un'alluvione di proporzioni catastrofiche.
ENLIL sapeva già questa cosa e volle sfruttare l'occasione per sbarazzarsi definitivamente dell'uomo. Perciò lui insieme a tutti gli altri ANNUNAKI che coabitavano nel "GIARDINO" si allontanò dalla Terra per godersi lo spettacolo dall'alto.
ENKI, ancora una volta, volle dimostrare l'immenso amore che avesse per l'essere umano avvertendolo di quanto stava per accadere. Tra tutti gli esseri

---

[14] **Genesi 3:22** *"Ecco, l'uomo è diventato come uno di noi, quanto alla conoscenza del bene e del male... [...]"*

[15] **Genesi 3:23** *"Perciò Yavèh Elohiym mandò via l'uomo dal giardino d'Eden, perché lavorasse la terra da cui era stato tratto... [...]"*

[16] **Genesi 3:16** *"Alla donna disse: "Io moltiplicherò grandemente le tue pene e i dolori della tua gravidanza; con dolore partorirai figli... [...]""*

[17] **Genesi 3:24** *"Così Egli scacciò l'uomo e pose a oriente del giardino d'Eden i Cherubini [...] per custodire la via dell'albero della vita."*

[18] **Genesi 6:4** *"In quel tempo c'erano sulla Terra i Giganti e ci furono anche in seguito, quando i figli degli Elohiym si unirono alle figlie degli uomini ed ebbero loro dei figli. Questi sono gli uomini potenti che, fin dai tempi antichi, sono stati famosi."*

> umani ce n'era uno solo che era rimasto *"integro"* agli occhi di ENKI, perciò decise di aiutare almeno lui per poterlo trarre in salvo in vista di una restaurazione della Terra e una *nuova ed equilibrata* ripopolazione del pianeta.
> ENKI disse a quest'uomo di nome ZIUS-UDRÀ[19] di costruirsi un'imbarcazione abbastanza capiente da poterci entrare lui, la sua famiglia e tutti gli animali della Terra, suddividendoli per coppie e specie, dandone precise istruzioni e indicazioni.

Credo che il lettore sia rimasto un po' sbigottito dal leggere affermazioni quasi identiche alla Bibbia, affermazioni scritte molto tempo prima che Mosè le avesse ricevute per *rivelazione* da parte di Yavèh.
Naturalmente sorgono spontanee delle domande:

- *Come possono i Sumeri aver trascritto delle informazioni che solo molto tempo dopo Yavèh le avrebbe rivelate a Mosè?*
- *Una volta arrivato il momento in cui Yavèh dovette rivelare tali antichi avvenimenti a Mosè, Mosè era già a conoscenza di queste cose giacché i Sumeri ne avevano parlato?*
- *Mosè ha tratto davvero ispirazione da Yavèh nel trascrivere tali rivelazioni?*
- *O le sue trascrizioni della Genesi si basano anche sulle influenze ricevute delle tradizioni Sumere?*
- *Chi le aveva rivelate loro?*
- *Chi erano questi Annunaki?*
- *Che collegamento c'è fra gli Annunaki dei Sumeri e gli Elohiym della Bibbia?*

Ecco, le domande che ci poniamo sono solo alcune delle tantissime, e come già detto nell'introduzione di questo saggio, la parte più difficile sta nel trovare le risposte giuste!

---

[19] Il **NOÈ** della Bibbia, UTNAPISTIM nell'epoca babilonese di Gilgamesh, ZIUSUDRA per i Sumeri, COX COX per gli Aztechi, POWACO per gli Indiani del Delaware, MANU YAIVASA TA nell'Indostan, DWYTACH per i Celti, SZE KHA per i Patagoni, **NOA** per gli Amazzoni, **NU-U** nelle Hawaii, **NUWAH** per i Cinesi.
Da notare anche le curiose assonanze tra alcuni nomi.

Leggendo **con attenzione** la prima affermazione che fa Mosè in Genesi 5 - *"Questo è il libro della genealogia di Adamo..."*[20] - scopriamo che tale lista generazionale fa parte di un libro già scritto, come se l'autore della Genesi avesse attinto tale informazioni da un'altra *fonte testuale* per poi ri-elencare nel modo in cui le troviamo scritte in questo passo biblico.

Il libro della Genesi non è il *"Libro delle generazioni di Adamo"*, ma è il libro del BERESHÌT, *"Del Principio"*.

Più avanti emerge un altro *"libro"* dalla quale l'autore biblico ha tratto in maniera chiara delle informazioni ed anche in questo caso le ha ri-trascritte nel testo biblico. Il passo in questione è Numeri 21:14 dove si dice che *"è detto nel Libro delle guerre del Signore..."*.

Ed ancora, in Giosuè 10:13 e nel secondo libro di Samuele 1:18 viene fatta menzione del *"Libro del Giusto"* dove vengono approfonditi i dettagli di eventi miracolosi.

Quindi, le *"citazioni"* in merito a questi *"Libri del..."* sono in realtà fonti testuali ben più antiche da quelle bibliche fin ora non ancora scoperte.

Ritorniamo a chiederci:
- *Quando Dio "ispirò" la stesura del Pentateuco a Mosè, lo fece dettando verbalmente o telepaticamente le cose da scrivere?*
- *Oppure, in aggiunta alla "dettatura-ispirazione" trascendente, gli concesse a Mosè di poter attingere a documenti scritti già esistenti per ri-scrivere alcune informazioni che già si sapevano?*

---

[20] Si consulti l'Appendice

- *Quanti libri, testi, documenti, testimonianze non sono menzionati nella Bibbia mediante i quali gli autori biblici ne avranno tratto spunto ed influenza?*
- *La "rivelazione" della Creazione ha avuto quindi luogo dalle informazioni ricevute da Yavèh o dalle fonti più antiche come quelle sumere?*
- *La Bibbia contiene davvero dei "testi originali" e "inediti" oppure esistono altre "bibbie" non ancora scoperte che dicono le stesse cose?*
- *Non potrebbe essere che esistevano molti "déi" che ad ogni rispettivo popolo di appartenenza rivelava la "verità" in chiavi di lettura e in chiavi interpretative differenti?*

Abbiamo potuto costatare che i Sumeri, molto tempo prima, avevano già descritto in maniera quasi identica alle Scritture la loro *"visione"* dell'*Adam,* della sua cacciata dal "Pairidaesa", della comparsa dei giganti-guardiani e della catastrofe diluviana...

Se dovessimo parlare di "Testo Originale" è d'obbligo prendere in considerazione che la Bibbia ebraica attuale non è come in origine.

Per intenderci, quando Mosè scrisse il Pentateuco non lo fece in ebraico perché questa lingua, ai suoi tempi, non esisteva ancora.

Sappiamo che Mosè fu cresciuto ed educato dagli egiziani, ricevette tutti gli insegnamenti della cultura egizia compresa l'educazione all'adorazione delle divinità.

Mosè quindi non parlava in ebraico ne tantomeno scrisse la Torah[21] in questa lingua, ma parlava e scriveva in egiziano o in un antico cuneiforme *egizio-aramaico*.
Solo successivamente Mosè capì di non appartenere al popolo egizio e quando riconobbe che gli schiavi che stavano sotto di lui erano in realtà il suo vero popolo di origine decise di *"sciogliere i voti"* e di abbandonare l'ambiente in cui era stato cresciuto.
Si presume quindi che i vari colloqui che Yavèh ebbe con Mosè venivano effettuati in una lingua comprensibile a lui. La lingua ebraica si sviluppò solo successivamente con la travagliata nascita e formazione del popolo di Israele.

Ad un gruppo di studiosi ebrei appartenente alla scuola di Tiberiade, vissuti tra il VII e il X secolo d.C. - *700 anno dopo Cristo* - venne affidato il compito di custodire e ricopiare fedelmente in lingua ebraica le testimonianze degli antichissimi manoscritti dell'Antico Testamento[22].
Questi scribi si chiamavano *Masoreti* e la parola *Masoreti* significa *"custodi e conservatori della tradizione"*.
L'ebraico fa parte delle lingue semitiche[23], *così come l'aramaico, l'arabo ecc.*, ed in origine era privo delle vocali ma sole consonanti.
I Masoreti, aggiungendo le vocali alle lettere consonantiche, hanno compiuto una grandissima opera e grazie a questo lavoro ne hanno semplificato la lettura *fissando o*

---

[21] Dall'ebr. "Legge", il Pentateuco.
[22] La ricopiatura dei Testi Originali è servita anche per mantenere integro il Messaggio contenuto al loro interno anche quando i manoscritti originali si sarebbero deteriorati col tempo.
[23] Le lingue "semitiche" sono le lingue nate dai figli del Shem di Noè. Ecco perché vengono definite "Semite", appunto avendo origine da "Sem", il figlio di Noè.

ufficializzando la pronuncia e favorendo in futuro la traduzione di tutto l'AT.

La *scomparsa* dei codici e manoscritti completi originali più antichi si spiega con il fatto che gli studiosi ebrei, quando raggiungevano l'accordo su un testo, li ricopiavano distruggendo tutti quelli precedenti. Ecco perché non abbiamo le testimonianze e la certezza assoluta della lingua scritta e parlata da Mosè.

Oggi possiamo disporre in qualunque momento di un *Testo Standard* come la **Biblia Hebraica Stuttgartensia (BHS)**[24] dalla quale ne derivano le traduzioni che abbiamo ognuno di noi a casa.

Per *Testo Standard* si intende l'insieme degli studi e ricerche archeologiche, linguistiche, scritturistiche, teologiche, epigrafiche, paleografiche e geografiche avvenute nel tempo; vale a dire che se nei giorni presenti o futuri dovessero essere ritrovate delle pergamene riconosciute come parte integrante del canone biblico, le bibbie in nostro possesso andrebbero incontro a modifiche perché dovranno essere ulteriormente aggiornate in base alle nuove scoperte.

Un fatto simile è avvenuto intorno agli anni '50 quando a Qumran[25], all'interno di undici caverne nei pressi del Mar Morto, sono stati ritrovati i famosi "Rotoli" - *circa 800 manoscritti* - tra cui il Testo canonico e completo del Profeta Isaia.

Inizialmente le ricerche furono condotte da otto ricercatori cristiani e nessun ebreo. Questo fece nascere tutti i sospetti possibili di un potenziale complotto religioso. Le chiese

---

[24] La BHS riporta il testo del manoscritto B19^A (conservato nella Biblioteca Pubblica di San Pietroburgo, in Russia) del 1008, che è il più antico e *completo* in nostro possesso.

[25] Località situata tra Gerusalemme e Gerico.

tradizionali speravano di poter ricavare da questa scoperta maggiori informazioni inerenti la vita di Gesù in contraddizione di ciò che si credeva ormai da tempo.
Infatti, il libro di Isaia suscitò molto entusiasmo e scalpore perché leggendone i contenuti si scoprì la profezia dettagliata sulla nascita e morte del Messia, profezia antica 700 anni prima che si avverasse.

Possiamo dedurre in conclusione alcune delle motivazioni per le quali molta della popolazione mondiale sia scettica nei confronti di Dio e di conseguenza sull'infallibilità dei Testi Sacri in relazione ai potenziali manoscritti antichi non ancora scoperti, *supponendo che ne esistono ancora da qualche parte nel deserto.* Ma mediante l'opera dello Spirito Santo i credenti *"unti"* possono accostarsi tranquillamente alle Scritture giustificati dal fatto che Egli è la giusta Guida che istruisce e rivela la Verità.
Nella seconda lettera ai Corinzi, al capito 3 verso 6 l'apostolo Paolo esprime ed enfatizza un forte contrasto tra la *"lettera" (in greco gamma)* e lo *"Spirito" (pneuma).*
"La lettera uccide, ma lo Spirito vivifica".
Non accade nulla di straordinario se si è in possesso di Bibbie non *impeccabili* nella traduzione, ma sarà lo Spirito a guidare e a dare il discernimento necessario per comprenderle.

La "dottrina" dell'ateo

Al giorno d'oggi, il concetto che fa credere che la Bibbia sia un'opera letteraria non ispirata da Dio è il fatto ch'Essa sia una normale raccolta di testi su rotoli di pergamene e che, col passare dei secoli, sarebbero stati oggetto di sabotaggi, modifiche, rivisitazioni e ricopiature fraudolente.
A dar maggior sfogo a queste convinzioni è anche l'esistenza delle innumerevoli *versioni*[26] delle varie traduzioni bibliche che, effettivamente, fanno suscitare agli scettici - *e non solo* - sempre più dubbi e a far porre sempre più domande senza ricevere o riuscire mai a trovare una risposta concreta.
Chi decide di divulgare - *o meglio dire, mettere in commercio* - una "Nuova Bibbia" sostiene che la traduzione **fedele** sia stata realizzata attraverso i testi in lingua antica.
Ebraico e aramaico per quanto riguarda l'Antico Testamento e il greco per quanto riguarda il Nuovo Testamento.
Se fosse vero che tutti questi studiosi adottassero una traduzione "fedele" delle Scritture, come sostengono, perché allora le varie traduzioni si differenziano su alcuni semplici termini, concetti, idee fino ad arrivare ad un completo stravolgimento della dottrina e personalità di Dio?
Attraverso i miei anni di studio mi risulta - *e non solo a me* - che le Scritture nelle nostre lingue contengono molti errori di traduzione tendenti a far passare un termine per un altro, scaturendo a loro volta delle conseguenze e strani modi di pensiero se non addirittura delle apparenti contraddizioni.

---

[26] Versione Riveduta – Versione Nuova Riveduta – Diodati – La Nuova Diodati – Luzzi – La Vulgata – La Versione dei LXX – La Bibbia di Gerusalemme – La traduzione del Nuovo Mondo – La King James (La Versione del Re Giacomo) e La Thomson *solo per citarne qualcuna.*

Se Dio è il Dio trascendente che conosciamo noi attraverso lo studio completo di tutta la Bibbia non dovrebbe sbagliare mai! Non sarebbe meglio che esista una "Bibbia per tutti" in modo tale che nessuno debba trovarsi a decidere quale comprare ponendosi prima la più classica delle domande: *"qual è la Bibbia migliore e più fedele nella traduzione?"*
Anche io, qualche anno fa, mi sono posto questa domanda e la risposta conclusiva è che la Bibbia tradotta con maggior precisione - *in base ai testi antichi che abbiamo a disposizione* - è la vecchia Diodati del 1641. È ovvio che i Testi Sacri per eccellenza sono quelli scritti nelle lingue originali ma ahimè non tutti sono in grado di poterli leggere.
Per chi non fosse in grado di leggerli è consigliabile consultare le ormai diffusissime Nuova Riveduta o Nuova Diodati, ma resta sempre *"migliore"* tra le traduzioni esistenti la vecchia Diodati ormai quasi in disuso per l'antico stile di linguaggio e grammatica che contiene.
È vero, il Dio trascendente biblico ci ha lasciato la Parola scritta ed è altresì vero che questa Parola dovrebbe essere immutabile e inconfutabile; resta di fatto però che nonostante Dio abbia fatto questo per noi, esistono ugualmente, non per mano Sua, "diverse"[27] parole di Dio - *mentre di Parola dovrebbe essercene Una soltanto.*
Ma l'Onnisapienza di Dio sapeva già tutto, aveva già previsto tutto questo e non solo dal punto di vista scritturale.
Per l'appunto, La Parola ci allerta più volte di stare attenti ai falsi insegnanti e ai falsi ministri che serpeggiano dentro e fuori le chiese; la Parola ci esorta di stare attenti ai loro insegnamenti, di non dare ascolto ai "Vangeli" predicati in

---

[27] Come noi sappiamo, la moltitudine di parole viene dal maligno

maniera diversa[28] rispetto alle Scritture e di evitare nella maniera più assoluta di manometterle[29].

In aggiunta, le Scritture esortano il lettore nello stare in guardia da chi tenta di dare degli insegnamenti attraverso ragionamenti ai quali è impossibile obiettare ma che allontanano da quello che realmente Esse hanno da dire. Riguardo alla manomissione delle Scritture, alcuni studiosi affermano che la Bibbia in nostro possesso oggi non è fedele agli antichissimi testi originali e di questi ultimi non ne sapremo mai nulla dell'esatto contenuto.

Alla luce di tutto quello che abbiamo detto poc'anzi, quand'anche gli atei leggessero **2 Timoteo 3:16**, a loro non gliene importerebbe nulla ugualmente del fatto che il passo biblico citato affermi che *"le Scritture sono ispirate da Dio e utili a insegnare, a riprendere"* ecc. ecc.

Si sostiene che la Chiesa, e/o i detentori del potere, abbiano celato i contenuti della storia biblica mascherandone i reali ed intrinsechi significati, macchinando dunque a loro pro un controllo globale delle coscienze attraverso i quali andranno a toccare i principi morali, etici e sociali del popolo camuffati in principi spirituali. C'è chi paragona le Scritture sullo stesso livello della Divina Commedia, I Promessi Sposi, l'Odissea, l'Eneide ecc.

Un credente, per rispondere alle domande dei non credenti è bene che lo faccia con tatto - *come fanno anche i falsi insegnanti attraverso dei coinvolgenti ed inopponibili "vani ragionamenti"* - mediante un linguaggio meno religioso possibile, perché altrimenti non vorrebbero nemmeno sentire

---

[28] 2 Corinzi 11:4 – Galati 1:8-9

[29] Apocalisse 22:18

quello che abbiamo da dirgli prima ancora che aprissimo bocca.
A parer mio, se si dovesse instaurare un primo approccio di fiducia reciproca tra credente e non credente, per non scandalizzare la persona che sta davanti all'interlocutore è consigliabile non iniziare il discorso con la più classica e ovvia delle affermazioni: *"Ravvediti, Gesù ti ama!"*
Il non credente non sarebbe più disposto ad ascoltarci solo all'udire di questa frase perché risulterebbe per lui invasiva e fastidiosa.
Come si potrebbe sentire un Induista se ad un certo punto, e senza preavviso, un Testimone di Geova gli rivolgesse la parola dicendogli *"Ravvediti, la tua religione è sbagliata. Solo Geova ti può salvare!"*?

Visto e considerato che come punto di forza lo scettico appella la *scienza*, il cristiano dovrebbe appellare proprio La Scienza affinché l'ateo possa ascoltare quello che ha da dire, in maniera serena, pacifica e meno invasiva possibile.
Se ipoteticamente ad una persona chiedessimo dov'è nata e in che anno, cosa ci risponderebbe? *"Sono nato a Roma il 16 Giugno 1970"*
E se chiedessimo ancora di darci una prova che ciò che ci sta dicendo sia vero, cosa ci direbbe? *"Dillo ai miei genitori e vedrai che è così!"*
Se imperterriti continuassimo a chiedere: *"Siamo sicuri che i tuoi genitori mi dicano la verità?"* - dunque ci risponderebbe: *"Ecco, questa è la mia carta di identità"* - ma noi: *"Chi me lo dice che il tuo documento non sia falso?"*
Questa persona potrebbe rispondere: *"Possono dirtelo i dottori che mi hanno fatto venire al mondo e l'ufficio anagrafe che custodisce il mio estratto di nascita!"*

Senza arrenderci, ribattiamo: *"E chi me lo dice che loro non si siano appartati e non mi dicano la verità?"*

Da questa lettura comprendiamo che lo scettico avventato contro il cristiano si comporta allo stesso modo. Pone domande su domande per cercare di metterlo con le spalle al muro non rendendosi conto o non volendo accettare che nonostante la Bibbia sia un pezzo di carta come un documento che rilascia l'anagrafe - *compilato grazie alla* **testimonianza oculare** *di chi l'ha scritto* - sia anch'Essa scritta da persone che nel lontano passato sono state anche loro **testimoni oculari** di quello che hanno scritto.
Quindi, come si fa a non credere alla Bibbia?
La Bibbia non è solo un documento che parla di *"religione"*, ma è anche un documento storico.

Metodica di studio

Chi si accosta alle Scritture per la prima volta è inevitabile che inizi la propria lettura aprendo la Bibbia nel libro della Genesi, così come si farebbe con un comune libro, iniziare *"dal principio"*.
Un conto è però leggere e un conto è meditare e studiare.
Qual è allora il metodo più adatto per studiare la Bibbia?
Non esiste un *"metodo"* se prima non vi è una *"Guida"*. Senza una *Guida* corriamo il rischio di *dedurre e ipotizzare* certi concetti senza averne una certezza quasi assoluta.

Se proprio dovessimo parlare di *"metodi"* di studio, quelli principali sono due, il metodo *deduttivo* ed il metodo *induttivo*, mentre un metodo secondario è uno che prende nome di *metodo pseudo-induttivo*.
Approcciarsi alla Bibbia - *e non solo* - in maniera **deduttiva** porterà il lettore ad acquisire una conoscenza superficiale di ciò che sta studiando. *Dedurre* delle informazioni implica che ciò che è stato letto sia compreso in maniera parziale lasciando al lettore dei dubbi e non certezze. I dubbi, a loro volta, lo porteranno a dover approfondire di più le proprie ricerche. In molti oggi, come nel passato, *comprendono* all'interno della Bibbia dei concetti che in Essa non stanno per niente scritti, facendone scaturire da essi delle filosofie e dottrine più disparate. Tutto questo a causa di *"deduzioni"*.
Approcciare la Bibbia - *e non solo* - in maniera **induttiva,** al contrario del metodo deduttivo, *indurrà* il lettore ad acquisire una conoscenza quasi perfetta di ciò che sta studiando avendo una visione e una panoramica generale più chiara di tutto il contesto.

Per fare in modo che ciò avvenga è bene porsi le più classiche delle domande "giornalistiche": *chi, come, cosa, dove, quando e perché*. Chi sono i personaggi, qual è il contesto sociale di quel periodo, dove si svolgono i fatti, di cosa parlano i personaggi ecc.

Non vi è un ordine ben preciso da seguire, l'importante è poter rispondere a quanti più interrogativi possibili durante lo studio.

Il metodo induttivo quindi ci **aiuta a comprendere quello che è Dio a voler dire** e *non quello che noi vogliamo sentir dire e far dire a Lui.*

Se un gruppo di persone dovesse ritrovarsi a studiare un determinato argomento, il metodo induttivo farà in modo che tutti insieme capiscano la stessa cosa e se ciò avviene tutti potranno testimoniare che tali informazioni sono veritiere e non frutto dei propri pensieri. Se tutti hanno capito la stessa cosa senza essere condizionati l'uno dall'altro, allora il metodo ha funzionato.

Studiare le Scritture, oltre che a benedire le anime e ad accrescere le conoscenze dei credenti **(2 Timoteo 3:13)**, implica soprattutto il dover accettare con sottomissione e riverenza eventuali rimproveri e riprensioni da parte di Dio Padre.

Ecco quanto sia importante adottare una metodica di studio corretta perché come vedremo più avanti, siamo noi uomini ad essere a immagine di Dio e non Dio a immagine nostra.

In conclusione, approcciare le Scritture - *e non solo* - in maniera **pseudo-induttiva** porterà il lettore a dare per scontato e senza alcuna dimostrazione che le sue *deduzioni* siano la Verità. Ovvero trarrà dalle Scritture delle informazioni per come vuole capirle lui - *quasi sempre è così* - e non per come sta scritto realmente. La causa di tutto questo va dato all'approccio *deduttivo irrazionale* verso le Scritture, ovvero che nel metodo *deduttivo razionale* si rimane con il dubbio e tale dubbio porterà il lettore ad dover approfondire ulteriormente finché non ha chiarezza. Il metodo deduttivo irrazionale annulla la mente ed autoconvince il lettore che ciò che capisce sia la verità assoluta. Questo metodo *deduttivo irrazionale* vede coinvolti gli scettici (e anche molti credenti) che si avvalgono della consapevolezza di non voler comprendere di spontanea volontà le Scritture: *"Io ho letto questo, ho capito quest'altro, dunque così è"*.

*"Infatti vi abbiamo fatto conoscere
la potenza e la venuta
del nostro Signore Gesù Cristo,
non perché siamo andati
dietro a favole abilmente inventate,
ma perché siamo stati
testimoni oculari della sua maestà."*
II Pietro 1:16

INDICAZIONI PER LA LETTURA DEI PASSI ANALIZZATI IN EBRAICO CON LA TRASLITTERAZIONE E TRADUZIONE.

Durante lo studio di questo libro, il lettore sarà guidato passo dopo passo attraverso semplici schemi per mezzo dei quali potrà confrontare lui stesso i vari testi direttamente dalla lingua ebraica. La trascrizione originale del testo ebraico comportava la stesura delle sole lettere consonanti, quindi senza vocali.
Noi ci avvarremo invece dell'uso della vocalizzazione.
L'esempio seguente vuole anticipare il lettore alla metodologia di lettura che ne semplificherà la comprensione.
Tuttavia, l'esempio seguente figura uno degli argomenti che si troveranno nei capitoli successivi:

I. La prima riga contiene il testo ebraico vocalizzato della **BHS**[30] e verrà letto da destra verso sinistra;

II. La seconda riga contiene la traslitterazione del testo ebraico e sarà anch'esso letto da destra verso sinistra. Le sillabe accentate aiuteranno per la pronuncia;

III. La terza riga, invece, contiene la traduzione letterale, e il senso di lettura, anche in questo caso, dovrà essere da destra a sinistra:

אֶל־פָּנִים	פָּנִים	אֶל־מֹשֶׁה	יְהוָה	וַיְדַבֵּר
panìm-el	panìm	Moshè-el	Yavèh	vedibèr
facce-a	facce	Mosè- verso	Signore- *il*	parlava-e

אֶל־רֵעֵהוּ	אִישׁ	יְדַבֵּר	כַּאֲשֶׁר
hu-reé-el	ish	dabèr-ye	ashér-ka
suo-amico-verso	uomo	parla	che-come

La Tabella qui riportata semplifica quanto si vuole fornire al lettore.

---

[30] Biblia Hebraica Stuttgartensia

CAPITOLO 3
LE MERAVIGLIE DELLA BIBBIA

Genesi 1:1 rivela *gli Elohiym*

Iniziamo il nostro cammino verso i confini della scienza proprio dal principio.
La Genesi insieme a *Esodo, Levitico, Numeri e Deuteronomio* costituiscono il *Pentateuco* (dal Greco= *cinque libri*), la Legge scritta da Mosè nell'arco dei 40 anni di pellegrinaggio nel deserto, intorno a 3500 anni fa, ovvero tra il 1450 e il 1410 a.C. circa.
Il primo versetto della Genesi accoglie in se tantissimi elementi che caratterizzano la straordinarietà della creazione, quindi del Dio Creatore. Mosè inizia la stesura della Genesi affermando che Dio è il Creatore di tutte le cose senza dare alcuna spiegazione che possa dimostrare con fatti concreti le prove tangibili dell'effettiva e materiale Sua esistenza.

Traducendo letteralmente Genesi 1:1 direttamente dal testo ebraico e senza sbirciare nella traduzione in italiano leggiamo così:

"In principio creò Elohiym i cieli e la Terra."

Analisi del versetto con il metodo *parola-per-parola*.

PAROLA EBRAICA: בְּרֵאשִׁית
TRASLITTERAZIONE: Bereshìt
TRADUZIONE: In principio

Prima di proseguire con lo studio ci terrei a precisare con questa breve apertura di parentesi che ogni qual volta il lettore incontrerà *"parola ebraica"* significherà che sta leggendo un *testo* composto da più parti.
Per una maggior comprensione, come esempio pratico prendiamo la prima parola che ci interessa: **BERESHÌT**.

La parola "Bereshìt" è formata da due termini:

בְּ = BE = *In*

רֵאשִׁית = RESHÌT = *principio*

... quindi *due o più termini* accostati l'uno accanto all'altro formano una *parola*. A sua volta, quando si incontrerà la dicitura *"termine ebraico"* il lettore saprà già che ci stiamo riferendo proprio ad un termine specifico a se stante, che sia esso un avverbio, che sia una congiunzione, una preposizione, un articolo, ecc.

Quand'anche la Bibbia descrivesse in dettaglio gli anni di vita e di morte dei Patriarchi antidiluviani, non è possibile stimare una data esatta della creazione.
La Bibbia non menziona alcun Big Bang e non vi sono accenni che alludano a tale fenomeno.
Non si fa alcuna menzione nemmeno al "caso" perché nulla è per caso.
BERESHIT è inteso come l'inizio, l'origine di ogni cosa e sottintende l'eternità di Dio.

COSA C'ERA PRIMA DEL PRINCIPIO?
- In *chiave teologica* risponderemo sicuramente che c'era Dio appunto, essendo Eterno c'è sempre stato;
- In *chiave scientifica* risponderemo invece che all'inizio di tutte le cose... *"una zuppa di particelle elementari*

quale c'era al momento del Big Bang, abbia avuto la proprietà straordinaria di aggregarsi e formare le stelle, i pianeti e gli esseri viventi" [cit. Margherita Hack]

- **Apocalisse 1:8** *"Io sono l'**alfa** e l'**omega**», dice il Signore Dio, «colui che è, **che era** e che viene, l'Onnipotente»";*
- **Apocalisse 21:6** *"Ogni cosa è compiuta. Io sono l'**alfa** e l'**omega**, il **principio** e la fine...";*
- **Apocalisse 22:13** *"Io sono l'**alfa** e l'**omega**, il **primo** e l'**ultimo**, il **principio** e la **fine**";*
- **Giovanni 1:1** *"in **principio** era la Parola, la Parola era con Dio, e la parola era Dio".*

Vi sono molti altri passi a sostegno di questa "verità", ma qui ci fermiamo. Gli ebrei hanno tentato di stimare una data presunta della comparsa di Adamo, calcolando le età degli uomini vissuti tra le varie genealogie descritte in Genesi, l'uomo fece la sua comparsa circa 5700/5800 anni fa, e se davvero l'Universo sia stato letteralmente creato in sette giorni possiamo dire che circa sette giorni prima di questa presunta data Dio ha iniziato a creare tutte le cose.

In questo versetto la Bibbia non ci dà alcun indizio sul cosa ci sarebbe stato *prima del principio*, ma sia i creazionisti che gli evoluzionisti cercano di dare una proprio soluzione al dilemma e di questo ne abbiamo ampiamente parlato nei capitoli precedenti.

CURIOSITÀ

L'Agnello immolato, fin dalla fondazione del mondo, si trova nel significato pittografico del BERESHÌT.

L'idea di uno marchio o stemma di famiglia è vista negli stendardi che sono stati istituiti per ogni casa dei figli d'Israele nel deserto; Numeri 2.
Chi è il nostro stemma? È il Messia; Salmo 20:05; 60:4, Isaia 11:10-12, 62:10).

ב	Bet: **Casa** / Tenda / Famiglia
ר	Resh: Primo / Principio / **Leader** (testa d'uomo)
א	Alef: **Dio** / Forza / Potere (bue)
ש	Shin: Consumare / Distruggere / **Fuoco** (denti)
י	Yod: **Potere** / Lavoro (Braccio, Mano)
ת	Tau: Patto / Segno / **Marchio** / Simbolo (croce)

Lo tabella nella pagina accanto rappresenta Genesi 1:1 trascritto in lingua ebraica, poi traslitterata e poi con la relativa traduzione.
Con un'attenta analisi del Testo originale e una conoscenza di base della Ghemàtria e di altri studi più approfonditi sulla lingua, si scoprono le meraviglie di cui è composta la Bibbia fin dal suo primo versetto.
Probabilmente il lettore non saprà nemmeno cosa sia la Ghemàtria, ma cercheremo di esporre questo studio nella maniera più chiara possibile. Scopo principale su cui è strutturato questo libro.
Nel Testo originale, Genesi 1:1 è formata da 7 parole, come ad anticipare a colui che legge i 7 giorni della creazione, come si scopre leggendo più avanti. Nella tabella seguente al versetto biblico, invece, notiamo che 6 parole su 7 contengono la lettera [ALEF] a dell'alfabeto ebraico.

Nella Ghemàtria, ovvero *nello studio numerologico delle parole scritte in lingua ebraica*, la lettera [ALEF] א ha il valore numerico di 1. La pronuncia della lettera [ALEF] א a sua volta è scritta da tre lettere quali אלף:

ALEF   א   '   1
LAMED   ל   L   30
FE   ף   F   80

Il valore numerico del termine ALEF è 111, mentre il valore numerico della singola lettera è 1; infatti, *non a caso*, la lettera assume anche il significato di DIO che è 3 volte 1, unicità in tre. **TRE IN UNO!** Interessante, non credi?

Un altro particolare sulla lettera [ALEF] א è la sua rappresentazione del numero 1000, inteso anche come un periodo di tempo di mille anni. Tuttavia, visto e considerato che Genesi 1:1 presenta 6 [ALEF] א su 7 parole e una in ogni singola parola, possiamo dedurre che la creazione avvenne in 6000 anni, mentre il settimo giorno, inteso come ultimo millennio che non viene conteggiato, sia l'inizio del millennio in cui Elohiym si riposò.

7	6	5	4	3	2	1
הָאָרֶץ	וְאֵת	הַשָּׁמַיִם	אֵת	אֱלֹהִים	בָּרָא	בְּרֵאשִׁית
arets-ha	et-ve	shamaim-ha	et	elohiym	barà	bereshìt
Terra-la	e	cieli-i	-	Elohiym	creò	principio-in
א	א		א	א	א	א
1000	1000		1000	1000	1000	1000
		6000 ANNI				

PAROLA EBRAICA:	בָּרָא
TRASLITTERAZIONE:	Barà
TRADUZIONE:	creò

Incontriamo la prima forma verbale, il verbo *creare*.
Sono in pochissimi quegli studiosi a sostenere che il verbo *barà* sia in realtà una *parola* formata da *due termini* Ba-rà, che significherebbe *"con soddisfazione"*.
Non c'è nulla di più sbagliato, è un'affermazione inventata e tutti gli studiosi che traducono la Bibbia, all'infuori di questi, sostengono che il termine Barà sia un verbo al singolare e significa **creare**.
Nel suo senso più stretto e letterale il verbo è inteso come **"trarre qualcosa dal nulla"** o **"creare per la prima volta"** e non da qualcosa di preesistente.
Possiamo anche dire e permetterci di affermare che Dio "inventò" l'Universo poiché prima di lui nessuno avrebbe mai compiuto un atto simile.

Soffermandoci per un momento su BERESHÌT BARÀ possiamo trarre delle interessanti considerazioni.
In primo luogo è facile notare che analizzando il testo ebraico senza le vocali e le punteggiature, la parola ebraica *"BERESHIT"* e il verbo *"BARÀ"* contengono una stessa radice e chiave di lettura:

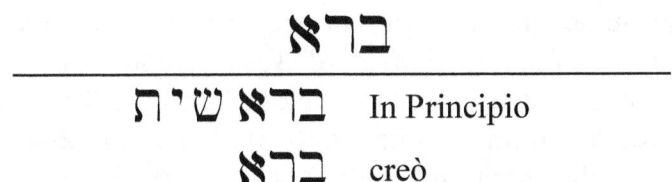

Lo schema ci fa capire che entrambi i termini contengono la stessa radice del verbo, vale a dire che *In principio* vi era già la creazione compiuta perché il versetto 1 vuole sintetizzare in maniera molto concentrata e senza mezzi termini che l'Universo è stato creato da Dio. Mentre dal versetto 2 in poi Mosè narra e descrive tutte le varie fasi della creazione non presenti nel verso precedente.

Prima di procedere con le spiegazioni successive vorrei farvi capire brevemente come funziona il metodo induttivo di cui abbiamo parlato, avvalendoci delle domande giornalistiche:

LA CREAZIONE

- Quando avvenne?   In Principio
- Cosa avvenne?   La creazione *(creò Dio...)*
- Cosa fu creato?   cieli e la Terra
- Chi li creò?   *gli* Elohiym *(creò Dio...)*
- Come avvenne?   con la Parola *(e disse Dio...)*
- Perché li creò?   per Amore *(Dio ha tanto amato il mondo)*

Il metodo induttivo non si ferma ad analizzare solo il versetto in questione ma ci *"induce"* a dover fare un'ulteriore ricerca più approfondita per rispondere ad altre domande, affinché possano dare un'ulteriore conferma effettiva che quanto stiamo studiando sia ciò che *effettivamente* il Testo vuole dirci.

Per dare quindi una maggior importanza *o un maggior peso significativo ed interpretativo* al Testo ebraico, sarà nostro compito quello di leggere "alla lettera" i vari riferimenti che incontreremo, immedesimandoci il più possibile nella mentalità dello scrittore biblico e cercare di capire cosa volesse dire realmente senza badare a "metafore", "allegorie" e quant'altro.

Durante il nostro studio, le domande che porremo alla Bibbia daranno sempre e comunque una risposta.

Analizziamo ancora un altro aspetto del termine BERESHÌT prendendo in considerazione la prima lettera [B] b.
Incontriamo il classico primo errore grammaticale di traduzione.

Come abbiamo già detto, la preposizione [B^E] b@: si traduce con [IN]
L'errore che si incontra spesso è l'errata traduzione della preposizione *"Nel"* piuttosto che *"In"*.
Come già fatto notare prima, il 1 versetto vuole sintetizzare che il creatore di tutte le cose è Dio (infatti viene specificato *Dio creò* e non *Dio sta creando*) quindi non annuncia un atto creativo o un'azione in fase di svolgimento, ma un'azione già compiuta ad opera di Dio.
È più corretto tradurre "in" piuttosto che "nel" perché "in" rende più l'idea di un *Inizio dal nulla* mentre "nel" si addice più ad un'azione in fase di svolgimento dove non sussiste più *il nulla*.
Consultando Giovanni 1:1 attraverso il testo originale "standard" in greco possiamo avere un'ulteriore conferma sulla traduzione corretta di BERESHÌT.
Giovanni 1:1 nel testo greco, inizia così:

$$\varepsilon v \ \alpha \rho \chi \eta \ - \text{en archì} \ - \ \text{IN principio}$$

Continuiamo ad analizzare Genesi1:1

PAROLA EBRAICA:	אֱלֹהִים
TRASLITTERAZIONE:	Elohiym
TRADUZIONE:	Dii - Iddii

Elohiym non è da considerare come uno dei nomi di Dio.

Una delle possibili etimologie del termine lo vorrebbe composto dall'unione di due radici antiche: "El" e "Hoa".
"Hoa" sarebbe l'antica radice che indicava l'*Essere Supremo, Colui che esiste di per sé*, che non è generato da nessuno e ha vita in se stesso.
Il prefisso EL corrisponderebbe alla nostra traduzione *dio*, indicando l'individuo in astratto.
"Colui che ha vita in sé" sarebbe quindi il significato del termine Elhoa.
La *parola ebraica* Elohiym, assumerebbe il senso di *"Coloro che hanno vita in se stessi"*.
Elohiym sarebbe il plurale di Eloha che trova sempre la sua radice in EL.
La seconda spiegazione, indica il termine come una sorta di *pluralis maiestatis* teso ad esaltare ancor più la divinità una e unica del Testo Sacro (in ebraico, infatti, esiste la forma del *plurale-maiestatico-intensivo,* utilizzato per tutte le realtà costituite da parti), però alcuni studiosi non ritengono attendibile tale spiegazione poiché il verbo creò בָּרָא è al singolare quando dovrebbe essere al plurale.

La desinenza "IM" הִים indica, per la prima volta nella Bibbia, la forma "plurale" di un termine.

Il lettore credente si chiederà *come mai il nome di Dio è scritto in forma plurale se è uno soltanto?*
Fin dalla creazione Dio, in modo autobiografico, rivela la Sua multipla *individualità* con la parola ELOHÌYM.
Ancora una volta il nostro caro lettore credente si chiederebbe, *cosa intendi dire con multipla individualità? Dio era in compagnia di uno o più individui?*

In vista da un'interpretazione teologica e spirituale il Nuovo Testamento ci da una possibile risposta.
Giovanni 1:1 conferma questa *deità* singolare e plurale allo stesso tempo: **"In principio era la Parola, la Parola era con Dio, e la Parola era Dio"**
Il versetto fa capire che Dio **in principio non era da solo.**
Se non era da solo, chi c'era con Lui?
Subito si risponderà "il Figlio e lo Spirito Santo"...
Questa "potrebbe" essere solo una delle chiavi di lettura che rivelano la Trinità, ma in merito a questo argomento ci soffermeremo più avanti.
Questo versetto non può non citare "l'autore" principale o "musa ispiratrice" delle Scritture.

Abbiamo detto che la parola ebraica Elohiym viene tradotta con Dio, letteralmente andrebbe tradotta *"Idii"* e non "déi".
Un cristiano potrebbe dire subito che questa pluralità sia intesa come la Trinità, ma il Testo non specifica quanti siano questi Elohiym.
Un cristiano non vive - *o non dovrebbe vivere* - la propria vita da automa nel senso *"io credo perché così la Chiesa mi ha insegnato al catechismo o alla scuola domenicale"* - ma è un bene essenziale per lui che oltre al *credere per fede quello che la Chiesa dice* è necessario che debba avere delle prove per constatare che ciò che si dice e si predica sia conforme alle Scritture.
Sta scritto all'Epistola ai Romani al capitolo 10 verso 17 *"La fede viene da ciò che si ascolta, e ciò che si ascolta viene dalla parola di Cristo"*. Questo non vuol dire che bisogna essere dei "creduloni" su ciò che la Chiesa afferma, ma bisogna constatare attraverso questa *"parola di Cristo"*, la Bibbia, se ciò che viene affermato dalle bocche umane sia conforme alla Bocca di Dio, la Bibbia.

- *La Chiesa dice una cosa, ma è corrispondente a ciò che la Bibbia afferma?*

Dal medioevo fino a poco prima della Riforma Protestante ai fedeli non era permesso di leggere la Bibbia - *chissà come mai* - e data l'ignoranza e analfabetismo di quel tempo, i Testi venivano scritti e letti in latino così solo i sacerdoti o la gente colta potevano leggerle e predicarle a loro piacimento.
Dopo la Riforma di Lutero la Bibbia venne tradotta nella lingua del popolo e così avvenne che il popolo aprì gli occhi e poté constatare che le Scritture dicevano cose differenti rispetto a quanto veniva predicato durante le messe domenicali.
Non fu un caso che in quel periodo molte suore sciolsero i voti per condurre una vita normale creandosi una famiglia altrettanto normale.

Chiusa questa parentesi "luterana", la grammatica ebraica ci permette di scavare ancora più a fondo nelle nostre ricerche e applicando il metodo induttivo siamo stabilizzati ad una conclusione, frutto del volere delle Scritture piuttosto che del nostro "io".

Nella grammatica ebraica esistono tre forme numerali:

SINGOLARE - DUALE - PLURALE

- Il modo SINGOLARE rappresenta una cosa qualsiasi che non può essere superiore ad una unità;
- il modo DUALE è un *plurale limitato* e indica una cosa qualsiasi che rappresenti non più di due unità e neanche meno di due unità. Quindi un qualcosa che sta in coppia ad un'altra oppure una cosa costituita da due

parti, ecco alcuni esempi di *duale*: mani - piedi - labbra - narici - occhi - orecchie - ali - gambe - braccia, ecc.

Quindi è chiaro che se io dovessi menzionare in ebraico il termine come *"mano"* è ovvio che dal *duale* passo al *singolare* e viceversa se dovessi menzionare *"mani"*.
Nella nostra grammatica italiana, invece, non adottiamo il modo duale ma ci avvaliamo esclusivamente del *plurale assoluto*, ovvero qualsiasi cosa che sia superiore ad una unità.

- il modo *plurale* indica una cosa qualsiasi che sia superiore e non inferiore alle due unità e senza specificarne la quantità.

 singolare UNO - duale DUE - plurale PIÙ DI DUE

Ti starai chiedendo come mai tutte queste nozioni di grammatica. Credo sia utile dare delle brevi considerazioni sulla grammatica perché andando avanti con gli studi scritti in questo libro ti serviranno per capire meglio le meraviglie contenute nel Testo ebraico.

Aperta e chiusa questa parentesi sulla grammatica era mia intenzione quella di farvi comprendere che il nome Elohiym è un plurale che non specifica una quantità ma che ci dà la certezza che *gli Elohiym* sono composti sicuramente da più di due *unità* ed *entità*.
Il plurale Elohiym non intende letteralmente la Trinità.

A rendere speciale e più chiaro il nome Elohiym è il suo accostamento accanto al verbo *Barà*: *"In principio creò Elohiym..."*

Avete fatto caso che il nome Elohiym *(plurale)* **viene accostato ad un verbo al singolare?**
Letteralmente potremmo tradurre *"In principio creò Iddii..."* che effettivamente, da un punto di vista fonetico suona un pò male ma non vi è nulla di più corretto. O altrimenti sarebbe stato più ovvio trovare scritto nel testo ebraico *"In principio crearono gli Elohiym..."*. Foneticamente è corretto ma non vi è nulla di più sbagliato.
Questa è una chiave di lettura molto importante che ci mette a conoscenza che questi Elohiym compiono un'azione singolare nonostante siano più entità, come se agissero tutti contemporaneamente o meglio ancora formino un unico essere.
Così come il corpo umano è formato da più membra ognuna con uno scopo ben preciso, (piedi e gambe per camminare, braccia per prendere gli oggetti, la testa per vedere, sentire, parlare, mangiare, respirare.. ecc.) così anche gli Elohiym sono più entità riunite in un'unica realtà; ognuna esistente per uno scopo. Essendo un'unica realtà possono compiere un'azione al singolare, senza intercorrere in contraddizioni, come rivela il verbo Barà.

Quanti sono gli Elohiym?

Facendo qualche passo avanti nel capitolo 1, esattamente al versetto 26, notiamo chiaramente che Elohiym parla al plurale. A sostenere la pluralità del nome stesso, in aggiunta a quanto abbiamo detto, sono le affermazioni di Elohiym nel momento in cui crea l'essere umano.

Il Testo ci da diversi *segni*, come se l'autore biblico volesse farci capire qualcosa ripetendocelo più volte:

"**Facciamo** *l'uomo a* **nostra** *immagine, conforme alla* **nostra** *somiglianza...*" - Mosè enfatizza ancora al versetto successivo dove dice *"Dio* **creò** *l'uomo a sua immagine; lo* **creò** *a immagine di Dio, li* **creò** *maschio e femmina."* Il verbo Barà viene ripetuto **tre volte.**

Le chiavi di lettura sono i tre termini, *"facciamo"* ripetuto una volta e *"nostra"* ripetuto due volte sempre nello stesso versetto.

Mentre al versetto 27, dove viene ripetuto tre volte il verbo creare si enfatizza ulteriormente il fatto che a creare l'uomo sia stata in primo luogo una prima figura degli Elohiym che ha concepito mentalmente il desiderio di voler creare l'uomo, in secondo luogo abbiamo una seconda figura che è il mezzo utilizzato per crearlo (la Parola= ...*e disse Dio*...) ed in terzo luogo si tratta di una terza figura che adempie il pensiero della prima figura attraverso il mezzo che è la seconda figura.

In questo caso abbiamo **tre figure** racchiuse in un unico essere che *creano* al singolare.

Abbiamo visto che *In Principio Elohiym crea* al singolare e successivamente fa*[cciamo]* l'uomo al plurale.

In questo caso possiamo immaginare come se un "portavoce" degli Elohiym impartisca l'ordine di compiere un'azione e tutti gli altri eseguono successivamente.
Potrebbe trattarsi anche di un semplice plurale-maiestatis[31], ma è da escludere.
Andando ancora una volta più avanti nei capitoli, in **Genesi 3:22** leggiamo un'altra affermazione di Elohiym *"Ecco, l'uomo è diventato come **uno di noi**, quanto alla conoscenza del bene e del male. **Guardiamo** che egli non stenda la mano e prenda anche del frutto..."*
Anche in questo caso Dio parla al plurale dicendo "guardiamo" che sta a significare letteralmente *"facciamo attenzione"* o *"stiamo attenti"*. Quando Dio ha creato l'uomo gli ha dato delle regole ben precise da rispettare tra cui quella di non mangiare il frutto dell'albero della conoscenza del bene e del male. Ponendo la piena fiducia all'obbedienza della sua creatura Dio non presta particolare attenzione a quello che fa, lo lascia libero, ma dopo la trasgressione avvenuta a causa del *"serpente"* a Elohiym non gli resta altro che vigilare sull'uomo poiché Essi non riposero più la fiducia nell'uomo già da questo primo errore commesso, infatti venne cacciato fuori dal giardino.

Leggendo il testo ebraico notiamo un altro elemento interessante che si ripete per ben 19 volte a partire da Genesi 2:4 fino a Genesi 3:23.

In Genesi 2:4 si legge

---

[31] Il plurale maiestatis o maiestatico si ha, nella lingua parlata o scritta, quando chi scrive o parla si riferisce a se stesso usando la prima persona plurale anziché singolare. Tipico di un alto esponente della Chiesa romana se non direttamente il Papa.

PAROLA EBRAICA:	יְהוָה אֱלֹהִים
TRASLITTERAZIONE:	Yavèh Elohìym
TRADUZIONE:	Signore Idii

È la prima volta che si incontra il tetragramma [YHWH][32] יְהוָה, ovvero Yavèh.

Ha un senso tutto questo? Si, certamente.
Poiché Elohìym ha già parlato al plurale, l'appellativo di Yavèh potrebbe essere che tra tutti gli Elohìym il *portavoce* sia proprio questo Yavèh.

Analizzando con più attenzione la lettura di Yavèh Elohìym, possiamo interpretare senza alcuna difficoltà che *"il SIGNORE Dio"* andrebbe tradotto più correttamente con *"il SIGNORE degli Elohìym"*.
O comunque sussiste una figura *predominante*[33] sulle altre, ma non superiore, nonostante siano un'unica realtà.

In questo libro si scopre poco alla volta come il concetto di Trinità emerge da solo senza che sia una dottrina o una religione ad imporlo, ma le Scritture stesse a confermarlo, proprio come il metodo di studio induttivo rivela. Lo studio dell'Antico Testamento non è semplice e richiede tantissimo impegno, risulterebbe vano non accostarlo insieme allo studio

---

[32] Per un non ebreo il tetragramma YHWH risulta impronunciabile. I Masoreti ne hanno fissato una pronuncia aggiungendo le vocali. Parleremo in dettaglio più avanti sul nome di Dio.
[33] La creazione è voluta dal Padre (**sorgente** *di pensiero*), creata **per mezzo** della Parola *(Cristo)* mediante l'opera dello Spirito Santo *(Colui che **adempie** il volere del Padre)*

del Nuovo Testamento quindi mi sentirò in obbligo di citare dei passi del Nuovo testamento quando occorre. Essi camminano di pari passo perché l'Antico conferma il Nuovo e viceversa.

L'Antico Testamento contiene tantissime argomentazioni sulla reale personalità di Dio che vanno esaminate con le pinze, in quanto molti avvenimenti descritti presentano Yavèh come un dio guerrigliero, sanguinario e ingiusto. Grazie al Nuovo Testamento abbiamo le testimonianze di Cristo - e non solo di Cristo - che danno a tutto questo delle spiegazioni.

Ci sarebbe così tanto di cui parlare su Dio, avremo modo di farlo più avanti, e per chiudere questo paragrafo vorrei mostrarvi una rappresentazione grafica del concetto cristiano della Trinità[34].

---

[34] Il termine Trinità nella Bibbia non esiste. È stato usato per la prima volta da Tertulliano nel 220 d.C.

Angeli e Demoni

Continuiamo la nostra analisi di Genesi 1:1

PAROLA EBRAICA: אֵת הַשָּׁמַיִם
TRASLITTERAZIONE: et ha-sham**àim**
TRADUZIONE: i cieli

La desinenza [àim] מַיִם indica per la prima volta nella Bibbia la forma "duale" di una parola.
Per non farvi dimenticare, tengo a precisare che la forma duale indica qualcosa che *non è superiore a due*, qualcosa che sta in "coppia" come mani, piedi, ali, occhi, ecc.

Perché "cieli" è scritto in forma duale e non plurale?

Il termine SHAMÀIM indica letteralmente **due cieli**, mentre nella nostra traduzione non potremmo mai capire proprio perché *non usiamo il duale*, ma un plurale generico o assoluto. In questo caso una traduzione che ci avrebbe aiutato a capire meglio questo *piccolo-grande* particolare sarebbe stata *"creò Dio due cieli..."*: il cielo atmosferico (non ancora *distesa*) e il cielo oltre l'atmosfera *(firmamento)*, l'Universo.
In realtà i cieli sarebbero 3 e il terzo cielo non menzionato è proprio il "Regno dei Cieli". La teologia rappresenta Elohiym come un'entità Eterna e con Esso anche il Suo Regno, quindi non è stato creato, già sussisteva.

Ricordiamo: molti illustri scienziati per confutare le verità bibliche "predicano" il *"Creazionismo Spontaneo"*.
Come può il Creazionismo essere spontaneo?

> Il creazionismo implica che qualcuno o qualcosa abbia *"acceso un interruttore"* per dare inizio ad un processo di creazione dal nulla; l'interruttore non si accende da solo se non ci sia qualcuno a farlo.
> Un atto creativo non può essere spontaneo perché esso nasce da una mente che prima concepisce un'idea e poi la attua attraverso fatti concreti, materiali; l'atto creativo si ottiene attraverso il processo del ragionamento e statene pure certi che la ragione non funziona in maniera spontanea.
> Se un artigiano ha intenzione di creare un manufatto d'argilla, quest'ultimo non potrà crearsi spontaneamente perché in precedenza ne è stata concepita un'idea...

Attraverso le Scritture apprendiamo dell'esistenza di tre cieli, quindi, più cieli:
- il CIELO ATMOSFERICO (o biosfera);
- il CIELO SIDERALE (l'universo);
- e il CIELO SPIRITUALE (paradiso o Regno dei Cieli), analizziamoli:

1. Il cielo atmosferico

"E disse Dio: vi sia una distesa tra le acque, che separi le acque dalle acque. E fece Dio la distesa e separò le acque che erano sotto la distesa dalle acque che erano sopra la distesa. E così fu. E chiamò Dio la distesa "cielo". Fu sera, poi fu mattina: secondo giorno"[35].

Questo "primo" cielo si presenta fino al diluvio come la separazione *("distesa" che alcuni traducono erroneamente, seguendo l'errore iniziale della Vulgata, "firmamento")* tra le acque di sotto e le acque di sopra. Quest'ultime dovevano costituire come una calotta di vapore, un "serbatoio" umido.

---

[35] Genesi 1:7, 8

Sarà solo con il diluvio che cominceranno a formarsi le nuvole e la pioggia, quando appunto si aprì questa calotta *("le cateratte del cielo" Genesi 7:11)*. La parola "nuvola" si trova per la prima volta nella Bibbia in **Genesi 9:13** subito dopo il diluvio.

In questo cielo è possibile la vita *(ecco quindi anche il nome di "biosfera", cioè "cerchio della vita, vivente")*.

È li che Dio farà volare gli uccelli creati il quinto giorno.

2. Il cielo siderale

*"E Disse Dio: vi siano delle luci nella distesa dei cieli per separare il giorno dalla notte; siano **dei segni** per le stagioni, per i giorni e per gli anni; facciano luce nella distesa dei cieli per illuminare la terra. E così fu. E fece Dio due grandi luci: la luce maggiore per presiedere al giorno e la luce minore per presiedere alla notte; e fece pure le stelle. Dio **le mise** nella distesa dei cieli per illuminare la terra"*[36]

Quest'altra *"distesa dei cieli" (la parola distesa viene usata indifferentemente per i tre cieli)*[37] costituisce il cielo siderale, cioè il cielo astrale, quello che più spesso chiamiamo "spazio" o "universo". È appunto li che Dio collocherà gli astri il quarto giorno della creazione.

3. Il cielo spirituale

È il luogo abitato dalle legioni di esseri angelici - *chiamati anche Figli di Dio*[38] - e da Dio. Gli esseri angelici sono stati creati certamente all'inizio della creazione perché in **Giobbe**

---

[36] Genesi 1:14, 17

[37] Genesi 1:20; 1:17 ed Ezechiele 1:22; nel Salmo 19:1 "cielo" e "distesa" sono usati come sinonimi

[38] Genesi 6:2; Giobbe 1:6

38:6-7 sta scritto che essi gioirono al momento alla creazione della Terra. Non furono creati prima perché in **Colossesi 1:16** è scritto chiaramente che Cristo creò *"tutte le cose che sono nei cieli e sulla terra, le visibili e le invisibili: troni, signorie, principati, potenze; tutte le cose sono state create per mezzo di Lui e in vista di Lui"* e in **Esodo 20:11** *"poiché in sei giorni il Signore fece i cieli, la terra, il mare e tutto ciò che è in essi, e si riposò il settimo giorno; perciò il Signore ha benedetto il giorno del riposo e lo ha santificato"*. Anche **Genesi 2:1** afferma *"Così furono compiuti i cieli e la terra e tutto l'esercito[39] loro."*
È questo il luogo che Paolo chiama *"terzo cielo"* o *"paradiso"*[40].
Là si manifesta la presenza del Signore ed è da li che Gesù discese, risalì[41] e da dove ritornerà nuovamente.
Anche gli angeli ribelli vivono in una dimensione chiamata *"luoghi celesti"*[42].
Molti, oggi, sono soliti credere che in realtà esistono sette cieli dall'espressione "essere al settimo cielo". Questa espressione, in realtà, indica uno stato di massima felicità e si riferisce alle sette sfere celesti del sistema tolemaico *(Luna, Marte, Mercurio, Venere, Giove, Saturno e il Sole)*.
Su questo argomento, ovviamente, la scienza non poteva non intervenire per dare le proprie giustificazioni e prove sull'inesistenza di Dio. La NASA ha pure affermato di aver inviato degli astronauti nello spazio affinché essi potessero constatare con i loro occhi se vi fosse la presenza di qualche

---

[39] Iddio degli eserciti - *Yavèh Tsavaot* - צְבָאוֹת - *(o Sabaoth)*.
[40] 2 Corinzi 12:2, 4
[41] Giovanni 3:13
[42] Efesini 6:12

creatura spirituale se non Dio in persona. Gli astronauti confermarono al loro rientro sulla Terra di non aver visto nessun essere angelico ne alcun elemento che potesse far riferimento al "paradiso". E poi, sta pure scritto che l'uomo non può vedere Dio e sopravvivere.
Purtroppo molte di queste persone che studiano per anni materie complesse come la fisica quantistica, la materia e l'Universo non si rendono conto delle affermazioni infantili che dichiarano in quanto il cosiddetto paradiso non è un luogo fisico, è invisibile, e quindi un luogo spirituale. Così come lo è anche il cosiddetto inferno.
Se dovessimo utilizzare le stesse trivelle adoperate per l'estrazione del petrolio nel sottosuolo di certo non arriveremo all'interno di un grande luogo di sofferenza e "stridore di denti" perché anche l'inferno o cosiddetto Sheol non è un luogo fisico.
L'ironia della sorte vuole che anni fa alcuni scienziati che iniziarono degli scavi con l'ausilio delle trivelle hanno fatto una scoperta sensazionale. Il fine di questi scavi era dovuto dal fatto di analizzare gli smottamenti della crosta terrestre. Facendo calare dei microfoni lungo questi profondissimi fori, riascoltando le registrazioni hanno potuto constatare qualcosa di strano, ovvero delle urla umane al quanto inquietanti, disperate e sofferenti. Da li hanno tratto la conclusione che questi strani suoni non erano i suoni emessi dai movimenti della crosta terrestre ma bensì dalle anime sofferenti. Quindi la scienza tende a credere di più che esiste l'inferno e non il paradiso. Ci vuole più fede a credere a certe cose.

Parola ebraica:	וְאֵת הָאָרֶץ
Traslitterazione:	ve-et ha-àrets
Traduzione:	e la Terra

La parola ebraica [ha-àrets] הָאָרֶץ è formata da due termini:

הָ	= HA	= la
אֶרֶץ	= ÀRETS	= Terra

ÀRETS sta ad indicare la Terra come pianeta, non è inteso come אֲדָמָה *(adamà), suolo*.
Per quanto riguarda la Terra, le Scritture non parlano dell'esistenza alcuna di altre terre o mondi[43]. Noi non conosciamo i confini dell'Universo ne tantomeno tutti i misteri che appartengono a Dio, ma il fatto stesso che nelle Scritture non ci sia scritto in maniera esplicita che esistano o meno altri mondi con le stesse caratteristiche al nostro non è da escludere.
La Scrittura parla chiaro, **esiste una sola terra** popolata dalla flora, dalla fauna e dall'*essere umano*.
Non si parla nemmeno di altre forme di vita al di fuori di questo pianeta. Le uniche creature viventi *"extraterrestri"* sono gli angeli. Queste creature non hanno mai colonizzato terre[44].

---

[43] Si rammenti "mondi" è αιωνας – "eonas"

[44] A tal proposito ne parleremo più avanti, in merito ai figli di Dio che si unirono alle figlie degli uomini, dai quali nacquero i giganti.

$E=mc^2$: formula antica di 3.500 anni

Proseguendo la nostra lettura da **Genesi 1:2** in poi vediamo Elohiym compiere di giorno in giorno tutta la creazione. Ci viene spiegato che prima ancora che la Terra facesse la sua *comparsa* regnava l'oscurità ed essa *ricopriva* ogni cosa.
La Terra era informe e vuota.
Vi siete mai applicati un attimo su questa affermazione di Mosè?
Come può una cosa senza forma essere vuota? Una cosa informe e vuota non dovrebbe nemmeno esistere perché non si può ne toccare ne vedere. Eppure, il Testo conferma che la Terra, nel suo stadio primordiale, non aveva ne una forma ed era altrettanto vuota.
Per capire meglio un concetto non facile da afferrare al volo come "informe e vuota" vi pongo l'esempio di un bicchiere di vetro e dell'acqua.

- Prendendo come primo esempio il **bicchiere** di vetro noi possiamo stabilire attraverso l'esperienza della vista dei nostri occhi che forma abbia e se sia pieno, mezzo pieno o vuoto.
    Nel nostro caso il bicchiere ha una forma cilindrica e una concavità che permette di contenere qualcosa. E se improvvisamente il nostro bicchiere diventasse informe, che forma potremmo attribuirgli?
    Certamente, *informe* non è affatto sinonimo di *deforme* perché sforzandoci un pò potremmo attribuire una forma ad una cosa deforme (come ad un pallone scoppio), mentre ad una cosa informe (senza forma)

risulterà assai difficile poter attribuire una forma perché non ha alcuna forma in origine;
- Adesso prendiamo come esempio **l'acqua**.
L'acqua di per se non ha una forma - *infatti è informe* - ma assume la forma del recipiente in cui essa è contenuta (il bicchiere, pentola, termos ecc.). È possibile stabilire che l'acqua sia piena o vuota come potrebbe esserlo un bicchiere? Diciamo che l'acqua è già ripiena della materia di cui è composta e se fosse vuota non esisterebbe perché essa non è un recipiente da riempire. Se improvvisamente dovessimo riporre l'acqua su uno spazio aperto in cui non può essere contenuta da nessun recipiente ne appoggiata da nessuna parte, che forma potremmo attribuirgli? Nessuna forma ovviamente.

Il difficile concetto di *"informe e vuota"* è comprensibile solo a Dio perché le Sue conoscenze vanno al di là dell'inimmaginabile, altrimenti non sarebbe Dio.
Molti studiosi e **purtroppo** anche molti creduloni (per non dire credenti), interpretano questo concetto come il *caos universale* o peggio ancora come ai primi momenti precedente del famoso Big Bang. C'è chi addirittura interpreta questo passaggio come il caos generato da Lucifero dopo essere stato cacciato dal Regno di Dio. Non c'è nulla di più sbagliato e ridicolo. Gesù stesso fu testimone oculare di tale avvenimento: *"Io vedevo Satana cadere dal cielo come folgore"*. La caduta di Satana accadrà quasi successivamente alla creazione dell'uomo, come possono provarlo degli antichissimi manoscritti apocrifi redatti da Mosè. Materiale non appartenente al canone biblico, ma pur sempre interessante da consultare.

Una piccola curiosità non indifferente, dettaglio che ci riporta indietro di qualche pagina, fa notare che quando il Diavolo fu cacciato, Cristo ne è stato un testimone oculare. Ecco, un'altra chiave di lettura ci rivela che lo spirito di Cristo era già tra gli Elohiym durante la creazione, quindi insieme a Yavèh.
Dopo il dilemma sulla questione *"informe e vuota"* arriviamo al primissimo passo che compiono gli Elohiym per creare l'Universo.

"E disse Elohiym: vi sia Luce"

Finalmente appare la fonte di luce che senza la quale la materia non avrebbe una forma definita. Ecco una possibile soluzione al nostro dilemma, *l'informità* e *la vacuità* della Terra non erano dovute dal fatto che essa non fosse ne senza una effettiva forma ne senza un effettivo contenuto, ma l'oscurità non dava l'opportunità di stabilirne le caratteristiche necessarie affinché la Terra potesse essere un corpo visibile agli occhi e tattile alle nostre mani, la materia nel suo senso più stretto.
Quando in principio Dio creò i cieli e la Terra, essi sussistevano ma erano invisibili a causa delle tenebre. Di per se non esiste una *fonte di oscurità* che scavalca la luce, ma l'oscurità prende il sopravvento dal momento in cui vi è assenza di una *fonte di Luce*.

Un aspetto molto interessante da analizzare e prendere in seria considerazione è il fatto che quando compare questa Luce, il sole (il luminare maggiore) non era ancora stato creato.

PAROLA EBRAICA: וַיְהִי־אוֹר
TRASLITTERAZIONE: va-ihì Or
TRADUZIONE: e vi fu Luce

Qui agisce *il Verbo*.
Giovanni 1:1 *"In principio era* **la Parola***, la Parola era con Dio, e la parola era Dio"*.
Il termine [OR] אוֹר non ha l'articolo davanti (la luce). È chiaro quindi che si tratta della Luce divina.
Vediamo, finalmente, il collegamento tra energia, le forme/masse indefinite e la Luce. Grazie alla luce possiamo scorgere le forme e vista l'immensità di questo "spazio vuoto" la luce avrebbe dovuto "toccare/illuminare" queste masse raggiungendole *(viaggiando)* ad una velocità incredibile. <u>La velocità</u> di questa <u>Luce è la costante dello</u> "spazio vuoto/<u>Universo</u>".
La massa e l'energia sono in relazione tra loro attraverso la velocità di questa Luce. *Da questo ragionamento notiamo che* **le Scritture anticipano** *il concetto della formula di Einstein:*

$$E = mc^2$$

l'Energia (E) è uguale alla Massa (m) per la Velocità della Luce al quadrato (c^2) – Si è calcolato che la luce viaggia ad una velocità pari a 300 mila Km/s, ovvero avrà percorso 108.000.000.000 (bilioni) di Km in 3.600 secondi (un'ora!) e in un anno avrà percorso 9.460.800.000.000 di Km:

Un minuto = 60 secondi

60 secondi (1 minuto) X 60 minuti (1 ora) =   3.600 sec. (1 ora)
3.600 secondi (1 ora) X 24 ore   (1 dì) =   86.400 sec. (1 dì)

86.400 secondi (1 dì) X 365 giorni (1 anno) = 31.536.000 sec. (1 anno)

300.000 Km/s X 31.536.000 sec. (1 anno) =

9.460.800.000.000 Km (1 anno luce = distanza percorsa dalla luce in un anno) - Unità di misura = BILIARDO (Mille Bilioni)

Le Scritture hanno già anticipato tutto questo "In principio" e Einstein avrebbe potuto dire: *"Dio ha già formulato questa mia teoria - E=mc² - molto prima di me, il premio Nobel spetta a Lui..."*
Questa prima *Luce* non è ancora la luce del giorno, ma si tratta della Luce di Dio stesso[45]. *"Vi sia Luce"* non è un atto creativo, infatti non sta scritto *"Elohiym creò la Luce ... "*, ma *"Vi Sia Luce"*. Non è un atto creativo proprio perché Dio è Eterno e con Esso anche la Sua Luce.
Dio è questa Luce.
La relazione che c'è tra Dio e la velocità della luce è imparagonabile poiché alla luce occorre del "tempo" prima di percorrere una determinata distanza, mentre Dio, che non è soggetto dal tempo, è così potente da raggiungere qualsiasi distanza *prima di subito*.
Per dirla breve, Dio non tarda mai perché si trova sempre sul posto.
Secondo i fisici, l'unità di misura del tempo più breve che l'uomo conosca è un **E-44s**. Con questa sigla, chiamata *"tempo di Planck"*, si misura il più breve intervallo di tempo che i fisici possano descrivere e di conseguenza, dicono, il tempo minimo con cui l'Universo può essere misurato dopo il Big Bang **($5,4 \times 10^{-44}$ secondi).**

---

[45] Salmo 118:105

Dio è quindi ancor più veloce di **5,4 × 10^{-44} sec.**, perché ogni cosa a Lui è possibile e ogni cosa si adempie prima ancora che Lui la "pronunci". Si può dedurre che nel momento in cui Dio dice *"Vi sia Luce"*, contemporaneamente Luce era!
Dio è più veloce della fisica poiché **Dio è la Scienza** e la Sua velocità è incalcolabile!
Da ricordare *"i tempi dell'uomo non sono i tempi di Dio"*
Isaia 45:7 ci dà un indizio interessante sull'atto creativo divino e lo trascriveremo letteralmente: *"formante luce e creante oscurità, facente bene e creante male. Io Yavèh facente (sono io a fare tutte queste cose)."*

Parlando appunto di Creazione e di Luce, risulta interessante notare nel Testo ebraico che il termine LUCE אוֹר e la parola CREANTE וּבוֹרֵא contengono una stessa particella testuale:

	ר	וֹ	א
א	ר	וֹ	ב	וּ

Notare la piccola differenza della lettera ebraica ÀLEF א in posizione diversa. Questa Luce è anche Creante allo stesso tempo; in relazione alla formula di Einstein sembriamo averne una chiara conferma.

I sette cicli della creazione

La Bibbia narra che l'evento della creazione sia avvenuta in sette giorni progressivi. Gli scienziati affermano che i sette giorni descritti dalla Bibbia non devono essere presi alla lettera, ma da prendere in considerazione come rappresentazione di sette lunghe ere geologiche che, a modo suo, Mosè avrebbe descritto. Mosè non conosceva la scienza per come la conosciamo noi oggi e specificando i *sette giorni* ha voluto descrivere secondo la sua esperienza e contesto culturale il modo in cui tutto il creato venne fatto.
Secondo le Scritture stesse, Esse sono ispirate da Dio.
L'essere ispirati da Dio significa che qualsiasi cosa ci venga "dettata" dallo Spirito di Dio sia La Verità.
C'è un modo per capire come funziona l'ispirazione di Dio e quindi capire se abbia origine da Lui questa ispirazione piuttosto che dall' *"io"* o *"autosuggestione"* umana?
Dal momento in cui Dio ispira a scrivere o a dire determinate cose come bisognerebbe comportarsi?
In merito all'*ispirazione* o ad un ordine impartito da Dio sullo "scrivere" qualcosa, le Scritture presentano diversi passi dove viene detto: *"E disse Yavèh a Mosè: Scrivi questo fatto in un libro..."*[46] oppure *"Scrivi in un libro tutte le parole che ti ho dette"*[47] o altrimenti come in **Apocalisse 21:5** *"E disse Colui che siede sul trono: - Ecco, Io faccio nuove tutte le cose. - Poi mi disse:* (dice Giovanni) *Scrivi, perché queste parole sono fedeli e veritiere"*.
Soffermandoci sempre sulla Genesi, è chiaro che Mosè non ha scritto questa parte di Bibbia di propria iniziativa, perché molti

---

[46] Esodo 17:14
[47] Geremia 30:2

concetti e affermazioni sono impossibili da essere concepiti da una mente umana, specialmente se le conoscenze scientifiche non erano ancora evolute così come lo sono oggi.
È vero che i nostri antenati erano dei geni in astronomia ed ingegneria edile (come gli antichi egizi per esempio), ma inventarsi una storia come la creazione e tramandarla poi come una tradizione alle generazioni future lo vedo più difficile da credere rispetto all'attendibilità del Big Bang.
Come abbiamo già detto sull'affermazione di Margherita Hack *"tramite una zuppa di particelle elementari"* hanno avuto origine tutte le cose.

Molti passi affermati dalla Bibbia sono in stretta sintonia con le conoscenze del XX-XXI secolo, perché in molti pensano che sia la scienza di oggi a confermare molte affermazioni bibliche, mentre in realtà è la Bibbia ad anticipare la scienza di migliaia di anni attraverso le affermazioni che dà.

Abbiamo parlato della prima comparsa della Luce *(non del sole)* e il compimento del *primo giorno* della creazione che si conclude con la separazione della Luce dalle tenebre, come due cose distinte e separate.

"Dio chiamò la luce giorno e l'oscurità notte"
Durante gli altri giorni la Terra viene separata da tutto il resto dello spazio che lo circonda mediante l'atmosfera, dopodiché inizia ad essere riempita:

1. **Giorno:** attraverso la Luce vengono distinti e separati la notte dal giorno;
2. **Giorno:** con una prima porzione di *"acque"* sotto forma di vapore avviene la formazione dell'atmosfera e idrosfera (al di spora della distesa);
3. **Giorno:** con una seconda porzione di "acque" allo stato liquido avviene la formazione dei mari che, raccolti in

un unico luogo danno luogo all'emersione del suolo terrestre asciutto (sottostante alla distesa). Il secondo giorno continua con la comparsa della vegetazione in generale comprese ogni sorta di piante che produce un proprio frutto e il corrispettivo seme;

4. **Giorno**: comparsa del Sole, della Luna e delle Stelle utili ed indispensabili per illuminare la terra sia di giorno che di notte e per mantenerne una temperatura "ideale". Proprio per questo viene stabilito il clima perché il *"segno per le stagioni"* influirà proprio su questo. Sui cambiamenti della temperatura terrestre con il variare delle stagioni;
5. **Giorno**: comparsa degli animali acquatici e dei volatili;
6. **Giorno**: comparsa degli animali terrestri e creazione dell'essere umano;
7. **Giorno**: con la creazione dell'uomo si conclude la *"settimana"* di lavoro di Elohiym e il settimo giorno viene santificato e dedicato al riposo.

Questi sono i sette giorni o sette ere geologiche[48] descritte nella Genesi. Per dare una risposta più precisa in merito al fatto che i sette giorni debbano essere, più o meno, presi alla lettera, sarà necessario andare a ricorrere al Testo in lingua originale.

---

[48] Si sostiene che ogni giorno equivalga a circa 6 millenni, quindi 42.000 anni per il completamento della creazione, ma ciò sarebbe impossibile perché dal momento in cui le piante fanno la loro comparsa, il Sole sarebbe comparso entro i prossimi 6 mila anni. Le piante non possono sopravvivere troppo a lungo senza la luce del sole, e pensare che tali vegetali avessero vissuto tutto questo tempo prima che il Sole facesse la sua comparsa è un pò azzardato.

Il termine ebraico *"giorno"* usato in Genesi 1:5 è [Yom]
יוֹם

Questo termine viene adottato - oltre che alla distinzione tra *"giorno"* e sera - ogni qualvolta si conclude un ipotetico giorno di creazione.

Il termine "giorno" nella Bibbia assume diversi significati:
    a.   può essere inteso come un giorno solare di 24 ore[49];
    b.   può essere inteso come un periodo di tempo di 24 ore[50];
    c.   può essere inteso come un avvenimento in particolare[51];
    d.   oggi può essere inteso come un periodo geologico. Il passaggio tra un "giorno" e l'altro potrebbe indicare il passaggio tra un'era geologica e un'altra.

Sappiamo però con certezza che in merito agli intervalli di tempo o al tempo in generale, i tempi di Dio non sono i tempi che l'uomo sarebbe in grado di calcolare. Credo abbia poca importanza sapere quanto tempo impiegò Elohiym per creare l'Universo, ciò che conta è riconoscere ed apprezzare l'opera che ha compiuta.
Dio è Dio, Dio è La Scienza e se avesse voluto avrebbe potuto creare l'Universo in sette secondi. Questo, ovviamente, è un atto di fede.

---

[49] Al compimento del primo giorno il sole non è stato ancora creato e il termine *"giornata"* sarebbe più adatto per indicare il giorno solare
[50] Non necessariamente un giorno solare
[51] *"Il giorno delle espiazioni"* - **Levitico 23:27**

Le parole "sera" e "mattina", comunque, segnano un periodo con un inizio ed una fine.

Secondo il calendario ebraico, quindi secondo la cultura ebraica, il passaggio tra sera e giorno avviene alle ore 18:00 circa.

Quando si fa sera, per gli ebrei sta per concludersi una giornata, ma anziché concludersi a mezzanotte, per loro si conclude 6 ore prima rispetto ai calendari del resto del mondo.

Fin dalla creazione ai giorni nostri, per gli ebrei la *"giornata"* ha inizio proprio dalla sera, non a caso sta scritto in **Genesi 1:5** e nei successivi versetti: *"... e fu sera, poi fu mattina"* anziché *"... e fu mattina, poi fu sera..."* proprio perché la loro cultura prevede questo.

Teoria dell'Intervallo [Gap-Theory]

Soffermandoci ancora un altro pò sulle varie ipotesi del termine *"giorno"*, vorrei accennarvi di una teoria predicata con disinvoltura all'interno di molte Chiese Evangeliche - e non - e che riguarda una presunta *"seconda creazione"*.
Questa *Teoria* prende il nome di **Teoria dell'Intervallo,** il che consiste nell'affermare che la creazione di cui parla **Genesi 1** sarebbe una *seconda creazione* avvenuta di conseguenza alla caduta di Lucifero (il Caos Universale).
Questa Teoria non trova alcun fondamento valido ed è un'affermazione che la Bibbia non dà.
Dio va ben oltre ogni scienza umana. Dio non commette errori e non ha bisogno di *rifare* una cosa già fatta. Se mai la distrugge *(come avvenne con lo sterminio dell'uomo attraverso il diluvio)* e non la ricrea *(i figli di Noè ripopolarono la Terra, quindi non fu ricreato da Elohiym alcun altro uomo, anzi fu preservato)*.
Sta scritto in **2 Pietro 3:13** che: *"Ma, secondo la sua promessa, noi aspettiamo **nuovi cieli e nuova terra**, nei quali abiti la giustizia."*
È chiaro dunque che la restaurazione di questi nuovi cieli e nuova terra deve ancora avvenire, mentre non si fa menzione alcuna in tutta la Bibbia che Dio abbia dovuto ricreare qualcosa già dall'inizio.
Dio è progresso, non regresso.

Possiamo intendere *"nuovi cieli e nuova terra"* anche come una restaurazione materiale e spirituale, vale a dire che nei cieli non risiederanno più *"spiriti maligni"* e sulla terra non risiederanno più *"uomini maligni"*. Tutto ciò che di negativo contiene la Terra sarà spazzato via.

Secondo giorno, le acque

Parola ebraica:	הַמַּיִם
Traslitterazione:	ha-mmàim
Traduzione:	le acque

Anche in questo caso incontriamo una parola in forma numerale DUALE.

Come mai queste acque sono in forma duale e non in forma plurale assoluta?

מַיִם **Acque:** inteso per *due masse d'acqua, una liquida e una vaporosa [?]*

מַיִם **Acque:** inteso per *due masse d'acqua, una dolce e una salata [?]*

הַמַּיִם **Acqua:** singolare/duale inteso come se fossero 2 elementi a formare l'acqua [?]

Oggi, grazie alla fisica, sappiamo che l'acqua è formata da due molecole d'idrogeno (H_2) ed una di ossigeno (O), quindi da 2 elementi, senza tener conto della composizione bimolecolare dell'idrogeno H_2.
Abbiamo imparato che **Elohiym** rappresenta *"Più Elementi"* che formano *"un'Unica Realtà"* e per questo è scritto al modo plurale assoluto.

Mosè era a conoscenza di questa pluri-divinità, ma di certo non sapeva della doppia forma molecolare dell'acqua, non aveva le conoscenze che abbiamo oggi, ma sappiamo che la Parola di Dio va oltre ogni scienza.

Dio ad ogni singola lettera della Sua Parola dà un significato profondo (come vedremo più avanti) sotto ogni forma scientifica e grammaticale.

Questa è un'ennesima chiave che aiuta a capire che la Parola di Dio non è frutto di una semplice mente umana, ma da Egli stesso ispirata, dall'ingegnosa architettura Divina.

Elohiym *mise dei segni* nello spazio

Come preannuncia il titolo di questo affascinante ed esteso secondo capitolo, vi parlerò di una delle tante *meraviglie della Genesi*.
Nel quarto giorno della creazione è espressamente scritto che Elohiym *"mette"* dei *"segni"*.

La parola ebraica utilizzata nella traduzione di "mise" è "vaittèn" וַיִּתֵּן

Confrontando il verbo וַיִּתֵּן con altri passi biblici scopriamo che può significare anche *"riporre", "dare"*.
Nel senso più stretto, l'azione che compie Dio sul *"mettere dei segni per le stagioni"* va inteso in senso materialmente letterale.
"Dio mise dei segni" cioè che posizionò **volontariamente** con le sue mani e non a caso il sole, la luna, le stelle i pianeti ed i corrispettivi satelliti in determinate punti e posizioni nello spazio. Così come dimostreremo tra breve, anche l'assegnare determinate dimensioni e determinate distanze tra un corpo celeste e l'altro è stata Sua evidente volontà.
In poche parole, visti i calcoli matematici e scientifici di oggi in merito a proporzioni e distanze, il sole, la terra e la luna sono identiche per come Dio li aveva fatti in principio.
Non è cambiato nulla.
La scienza moderna afferma che prima della Terra vi fu il Big Bang e di conseguenza si formarono le galassie, le nebulose, i meteoriti, le comete ed in fine il nostro sistema solare, come una piccola scheggia nell'Universo, comprese la terra e la luna. Da un punto di vista cronologico scientifico, la formazione della Terra è avvenuta dopo tutte queste cose

attraverso un lunghissimo processo evolutivo di raffreddamento e solidificazione durato migliaia se non miliardi di anni.
Biblicamente determinati calcoli sono inaccettabili.
Poiché io resti della convinzione che il sole, la terra e la luna di oggi non siano molto differenti dal giorno della loro stessa creazione - *quindi nessun cambiamento o processo evolutivo se non lieve* - in merito a questi calcoli l'età della Terra è stimata a circa **4,5** miliardi di anni fa, mentre il sole si trova *"nel mezzo del cammin della sua vita"*, ovvero a metà degli anni che gli rimangono.
Viene affermato che il sole e la terra sono "nati" nello stesso periodo e si calcola che sarebbero trascorsi quasi 5 miliardi di anni; al sole restano ancora 5 miliardi di anni prima che la propria composizione chimica possa esaurirsi e smettere di illuminare e riscaldare la Terra.
Se tutto questo fosse vero, le datazioni che si possono calcolare nella Bibbia sarebbero errate. Ma poiché la Bibbia è Parola di Dio, non può sbagliare.
Secondo i calcoli biblici e in base alle età dei personaggi vissuti dopo la creazione, quindi dal primo uomo in poi, la Terra dovrebbe essere stata creata intorno ai 6.000 o 10.000 mila anni fa.
La scienza ci parla di *"cifre" astronomiche*, di periodi lunghi miliardi di anni, mentre così, biblicamente, non dovrebbe essere. Questi calcoli si basano sull'età stimata delle stelle e dalla loro distanza dalla Terra.

Una verità biblicamente conforme alla creazione, anche se non è scritta, è che Dio abbia creato l'Universo ad un'età "adulta" - *senza alcun processo evolutivo precedente* - perché ha fatto in modo che quest'ultimo, nell'arco dei sette giorni, si trovasse già nelle condizioni di poter *"ospitare"* entro breve tempo tutti i corpi celesti così per come sono oggi.

Guarda caso, la scienza cammina pari passo dalle affermazioni bibliche perché sostenendo che l'uomo sia l'ultima creatura comparsa sulla terra significa che la scienza dà ragione alle Scritture.

Infatti, l'uomo viene creato il sesto giorno, dopo i corpi celesti, dopo gli animali acquatici e animali volanti, e insieme agli animali della terra asciutta. Il settimo giorno Dio compie tutta la creazione e si riposa.

A questo punto non resta altro che dire che è la Bibbia ad anticipare in maniera evidente le scoperte della scienza moderna. La Bibbia lo diceva già 3.500 anni fa.

Non credo nemmeno alle possibilità che potessero avere le piante e la vegetazione in generale di vivere a lungo senza la luce del sole.

Se è vero che tra un giorno e l'altro siano trascorsi migliaia di anni, allora come hanno fatto le piante a sopravvivere senza la luce solare per così tanto tempo?

La luce del sole è alla base della vita sulla Terra, a partire dalle più microscopiche forme di vita.

Detto ciò è impossibile affermare che ci sia stato un processo evolutivo anche prima della creazione perché precedentemente a questo avvenimento esisteva il nulla, o come sostiene la scienza *"l'antimateria"*, non esisteva nemmeno il "tempo" se non Dio che è Eterno[52].

---

[52] Per gli antichi greci, il dio dell'universo era Kronos, il dio del tempo, che a sua volta generò Zeus *(il padre degli dèi)*, Poseidone *(il dio dei mari)* e Ade *(il dio degli inferi)*. Anche i greci, nell'antichità e nonostante la loro cultura politeistica, avevano capito l'importanza del tempo, attribuendone a Kronos la divinità per eccellenza.

Come l'Universo, allo stesso modo anche l'essere umano è stato creato ad un'età adulta (Adamo ed Eva) affinché potesse essere in grado e nelle condizioni ideali di prendersi cura di se stesso, della Terra, della natura e di popolarla.
La risposta alla più classica delle domande come *"Dio creò prima l'uovo o la gallina?"* è evidente. Creò prima la gallina. Chi avrebbe covato l'uovo? E chi si sarebbe preso cura del pulcino?
Se l'uomo fosse stato creato fanciullo, da chi sarebbe stato allattato? Chi l'avrebbe accudito? Chi si sarebbe preso cura di lui in un pianeta ancora a lui sconosciuto?
L'Universo è stato creato ad un'età già adulta dopodiché il tempo ha fatto il suo corso evolutivo, **ma non prima**.
Tutto ciò che non è Dio è influenzato e assoggettato dal tempo e in tal modo avviene il processo di invecchiamento.
L'unico che rimane immutabile nel tempo e non invecchia mai è Dio, altrimenti non sarebbe lo stesso "ieri, oggi ed in eterno".

Ritornando ai "segni" che mise Dio, per confermare che sia stato Lui a creare tutto, basti esporre le motivazioni per il quale è possibile che si verifichi un'Eclissi totale di sole.

PERCHÉ AVVIENE L'ECLISSI TOTALE DI SOLE?
Affinché un'eclissi totale di sole si manifesti sono necessari dei rapporti numerici di distanza tra sole, terra e luna e rapporti di diametro tra sole, terra e luna ben precisi.
Solamente questi rapporti numerici ben precisi e dettagliati possono permettere un tale fenomeno e sempre grazie a questi rapporti calcolati da Dio in persona è possibile la vita sulla Terra. In caso contrario, l'eclissi non si verificherebbe e con molta probabilità non esisterebbe nemmeno la più microscopica forma di vita.

Se la Terra fosse troppo vicina al sole, essa avrà elevate temperature tanto da non permettere la vita, e se la Terra fosse troppo lontana dal sole, essa avrà delle temperature molto basse da non permettere la vita. La Terra, quindi, si trova ad una distanza perfetta affinché sia possibile la vita su di essa.
E tutto questo, non può essere avvenuto per *caso.*
Attraverso la rappresentazione grafica seguente capiremo i rapporti per i quali si verifica un'eclissi totale di sole.

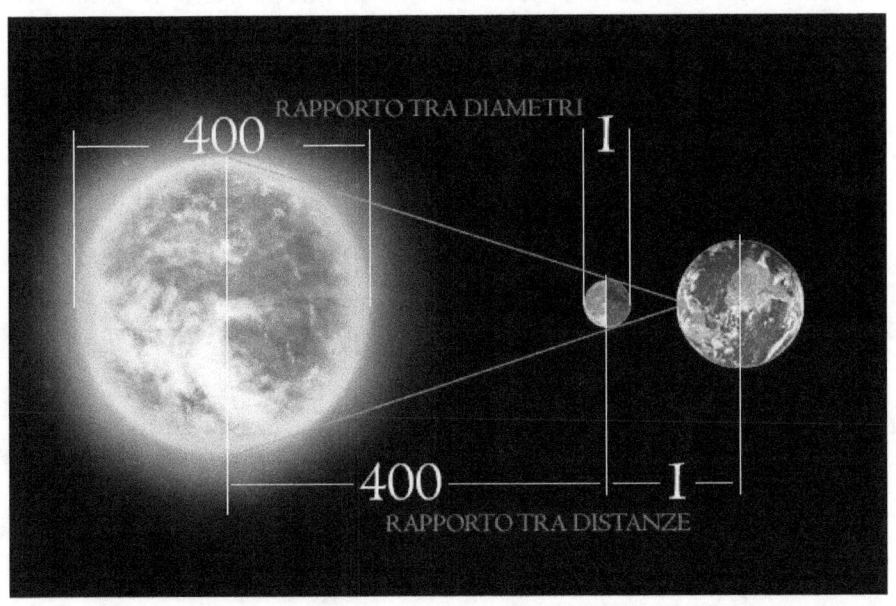

- *Il diametro del sole è in rapporto di 1 a 400 rispetto alla luna, ovvero, il sole è 400 volte più grande della luna;*
- *La distanza che c'è tra il sole e la luna è in rapporto di 1 a 400 dalla distanza che c'è tra la luna e la terra, ovvero, la distanza tra il sole e la luna è 400 volte più estesa dalla distanza che c'è tra la luna e la terra.*

Poiché Dio ha creato con la Parola *("...e **disse Dio**")*, un altro elemento fondamentale da esaminare è proprio la grammatica in se.
L'atto del *parlare* è l'emettere dei suoni verbali formulando parole attraverso l'accostamento di lettere.

Prendendo in esame la parola "segno" ed il numero 400 che interessa i rapporti numerici spiegati prima, scopriamo l'importanza assoluta delle lettere ebraiche (che formano le parole):
- nell'alfabeto ebraico, le lettere sono usate anche come numeri, *la stessa cosa vale per le lettere latine ad esempio*;
- la lettera TAU t, ultima lettera dell'alfabeto ebraico, contiene due grandi meraviglie:
1. la prima è che il suo significato letterale è **segno** o croce;
2. la seconda è che il suo valore numerico è **400**!

Come è facile notare, anche una semplice lettera dell'alfabeto ebraico, conferma sia nel significato che nel valore numerico i rapporti tra distanze e diametri (400) tali da permettere un'eclissi di sole, e la volontà che ha avuto Dio per "mettere" un "segno" evidente per le stagioni.
Infatti, grazie a questi rapporti, il sole e la luna sono ad una distanza perfetta per favorire il corso delle stagioni, stabilendone una temperatura ideale e favorendone le maree attraverso le attrazioni magnetiche che imprime la luna sulla terra. Anche Gesù confermò l'importanza delle lettere dell'alfabeto in **Matteo 5:18** e **Luca 6:17**.

Molti importanti studiosi[53] come Russo B., Sitchin Z. e Demontis A. sostengono che *il sistema solare si è formato attraverso una serie di "posizionamenti"[54], scontri, definizioni di orbite, mutamenti anche drammatici delle stesse,... un lungo e violento susseguirsi di eventi cosmici che alla fine hanno sistemato i singoli pianeti con relativi satelliti nelle posizioni che noi oggi conosciamo.*

PRIMA DI COPERNICO E DELLA NASA
I SUMERI SAPEVANO GIÀ CHE...

Quando nel 1543 l'Astronomo Niccolò Copernico pubblicò il suo trattato "*De Revolutionibus Orbium Coelestium*", la scienza ufficiale era convinta che tutti i pianeti e il Sole ruotassero intorno alla Terra. Copernico dunque sosteneva che, invece, erano tutti i corpi celesti, compresa la Terra, a ruotare intorno al Sole. La Chiesa Cattolica condannò queste affermazioni dell'astronomo definendole delle eresie, ma solo qualche secolo più tardi, nel 1993, il Vaticano si dovette ricredere!
Gli anni 1610, 1781, 1846 e 1930 furono gli anni in cui furono visti per la prima volta i Pianeti del sistema Solare, per ultimo Plutone.
Queste scoperte sono avvenute grazie alla fabbricazione di telescopi sempre più raffinati ed efficaci.

Ma c'è un "però"; i Sumeri, millenni prima, erano a conoscenza dell'esistenza di questi pianeti se non addirittura dei punti della loro collocazione nello Spazio.
Come sosteneva anche Copernico, i Sumeri rappresentavano il sistema Solare con al centro il Sole (fig. a) e non la Terra; questo sistema Solare includeva Urano, Nettuno e Plutone, e un pianeta in più (NIBIRU) fra Giove e Marte.

---

[53] Mauro Biglino, *Il dio alieno della Bibbia*, op. cit. in Bibliografia
[54] Posizionamento da parte di "CHI"?

Se dovessimo seguire gli esempi come rappresentati nelle illustrazioni (a-b), la figura "b" rappresenta il sistema Solare per come lo conosciamo oggi e a differenza della rappresentazione "a" sumera, tra Giove e Marte vi è una *sede vacante*.

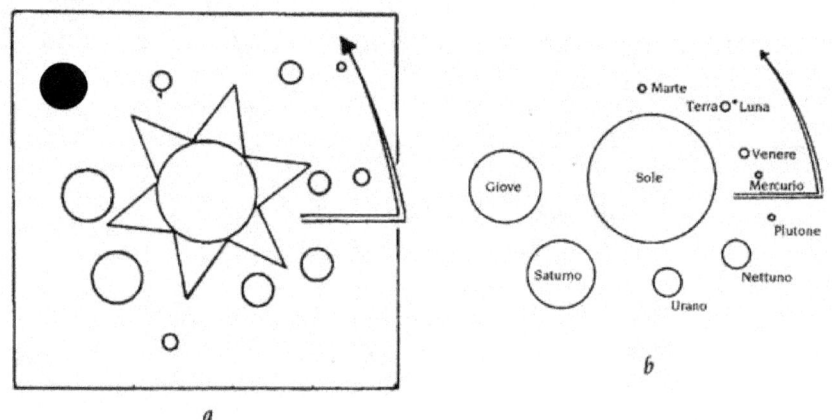

a   b

I Sumeri erano addirittura a conoscenza delle caratteristiche di questi pianeti, caratteristiche che la NASA ha potuto confermare attraverso l'invio delle sonde spaziali tra cui la sonda Voyager 2, diversi millenni più tardi.

Tuttavia, il primo anello di Saturno fu scoperto nel 1659 da Christian Huygens, mentre il sigillo cilindrico assiro, come da rappresentazione seguente, mostra sullo sfondo il Sole con la mezzaluna (falce), Venere (a otto punte[55]) e ritrae anche un piccolo pianeta, Marte, separato da uno più grande (Giove) e da una sorta di cannuccia (*fascia degli asteroidi?*), seguito da *un pianeta grande e circondato da anelli*, SATURNO!

Come facevano a sapere queste cose?

---

[55] Veniva rappresentata a sette punte perché era l'unico corpo celeste, dopo il Sole e la Luna, a poter essere osservato ad occhio nudo, proprio come possiamo vederlo oggi.

Il fuoco che non brucia

In diversi passi delle Scritture, Yavèh si rivela a Mosè sotto forma di fuoco. Quando Mosè camminò nel deserto per 40 anni, durante le ore serali Dio si presentava a Mosè mostrandosi come una colonna di fuoco, mentre di giorno nelle sembianze di una colonna di nuvola.
Gli scienziati e gli studiosi biblici che vogliono dare una spiegazione a questa - *per loro* - stranezza dicono che durante l'esodo, proprio in quelle ore serali era possibile scorgere in lontananza l'eruzione zampillante di un super vulcano e che quindi, la colonna di fuoco visibile da centinaia di chilometri di distanza non fosse Dio.
Invece, la nuvola visibile durante il giorno era il gas proveniente da quella mega eruzione. Insomma, sia l'eruzione che i fumi provenivano dalla stessa direzione e Mosè li prese come punto di riferimento da seguire che lo avrebbe condotto alla Terra Promessa, *scambiandoli* quindi per la presenza di Yavèh - *tutto questi per gli scienziati*.
Mentre, *alcuni studiosi biblisti* dalla mente *"molto aperta"* che si definiscono *"liberi pensatori"* sostengono che tramite le affermazioni che dà il Testo originale si arriva alla conclusione che in realtà si tratta di manifestazioni ufologiche o comunque extraterrestri di cui ne parleremo più avanti.

Ma sorge un dubbio: se Mosè vagò per 40 anni e per tutto questo tempo Yavèh si faceva vedere sotto forma di fuoco e nuvola, è possibile che un'eruzione vulcanica duri ininterrottamente per 40 anni senza causare catastrofi? Credo sia da pazzi camminare per così tanto tempo nel deserto e dirigersi volontariamente verso una montagna di fuoco assai irrequieta e poco raccomandabile.

A questo punto sarebbe stato meglio per tutti rimanere in Egitto. Questa la vedo come una strana supposizione piuttosto che ad una realtà dei fatti.

Un altro esempio in cui Dio si rivela a Mosè sotto forma di fuoco è il *pruno ardente sul Sinai*.

- Cosa lega così tanto Dio all'elemento del fuoco?
- È possibile dare un'ennesima prova che Dio ci lasci dei **segni** per dirci che esiste?

Alla luce dei paragrafi esposti in precedenza, per parlare del fuoco mi viene subito in mente la figura del Sole, che è fatto di fuoco.
Durante un corso formativo antincendio che ho frequentato qualche anno fa, ho avuto l'opportunità di capire con più precisione cosa sia il fuoco e perché sia possibile che esso esista. Ovvero, **esistono delle condizioni assolute per il quale il fuoco può esistere.** Questo corso antincendio, nella sua semplicità, mi aprì ulteriormente la mente dal punto di vista scientifico/spirituale piuttosto che dal punto di vista di norme comportamentali in fase di incendio.
Una delle argomentazioni principali di questo corso trattava il **Triangolo del Fuoco (TdF).**
Il TdF vuole rappresentare i tre "elementi" principali che rendono possibile l'esistenza del fuoco e che in assenza anche di uno solo dei tre, esso non può esistere.

Adesso andremo alla scoperta di una ennesima meraviglia che appartiene all'infallibile esistenza di Dio.

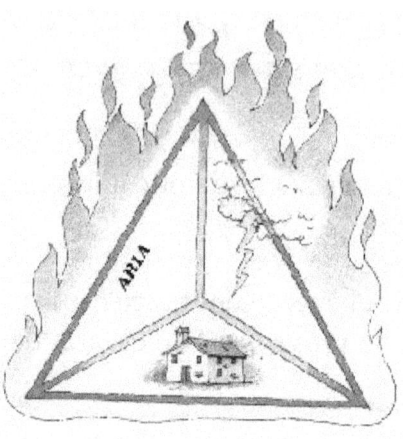 

Per accendere un fuoco è indispensabile che ci siano le seguenti condizioni:
1. La presenza di un **combustibile**;
2. La presenza di un **comburente**;
3. E un **innesco**.

- Il COMBUSTIBILE è il materiale infiammabile, per esempio un gas come il *propano*;
- Il COMBURENTE è l'ossigeno, o meglio *l'aria*, elemento essenziale affinché possa bruciare per alimentare il fuoco;
- L'INNESCO è un apporto di calore o per capirci meglio una *scintilla*;

Quando accendiamo un fornello da cucina si verificano questi tre passaggi:
- in primo luogo si schiaccia la rondella del gas *(combustibile)* per farlo fuoriuscire dal fornello;
- a sua volta si combina all'ossigeno *(comburente)*;
- successivamente si schiaccia il pulsante che genera la scintilla *(innesco)* e che a sua volta accende la fiamma.

Affinché la fiamma possa rimanere accesa, essa ha la necessità di essere alimentata costantemente dalla presenza di aria, **e nel caso in cui l'aria venisse a mancare la fiamma si estinguerebbe**. Ecco perché la fiamma rimane costantemente accesa anche quando rilasciamo la rondella del gas, l'ossigeno fa il suo dovere.

La scienza moderna ci insegna che l'Universo è privo di aria e vi è assenza di gravità, per tale motivo i corpi celesti *fluttuano* nel vuoto.
Ma alla luce di quello che la scienza sostiene in merito al fuoco, vi siete mai chiesti come mai il Sole - *così come tutte le stelle* - che è fatto di gas ardente, continui a bruciare da migliaia di anni nonostante nell'Universo non ci sia aria? Com'è possibile?

ESAMINIAMO MEGLIO LA QUESTIONE:
- l'Universo è privo di aria, quindi il comburente è assente;
- il Sole e le stelle sono una massa di gas infiammabili come l'idrogeno ed elio più altri elementi presenti in minima percentuale;
- in assenza dell'aria abbiamo solo il combustibile. Tuttavia, chi ha acceso l'interruttore del Sole? Chi o cosa ha generato l'innesco per far prendere fuoco a questa gigantesca massa di gas infiammabili?

Razionalmente parlando è difficile dare delle risposte o giustificazioni, tranne che la scienza traendone le sue conclusioni afferma che il Sole così come tutte le stelle dell'Universo esistano come conseguenza della *" zuppa di particelle elementari"*.

Abbiamo detto che il Sole è una massa di gas che brucia in completa assenza di aria e se ne prevede il suo spegnimento tra 5 miliardi di anni poiché i suoi gas, di giorno in giorno, si consumano.

Si è citato anche l'arbusto ardente sul monte Sinai, c'è qualche attinenza? Si, c'è eccome.
La particolarità dell'arbusto ardente sul Sinai è che nonostante fosse infuocato esso non si consumava.
Questo è un avvenimento soprannaturale in quanto le Scritture affermano che il fuoco che circondava quell'arbusto era Dio manifestatosi a Mosè. Quel fuoco non bruciava ne consumava.

Quando della legna prende fuoco avviene un processo chimico che prende il nome di **sublimazione**, ovvero la transizione di fase dallo stato solido allo stato aeriforme senza passare per lo stato liquido *(come avviene tra ghiaccio, acqua e poi vapore)*.
In merito al pruno ardente che era fatto di legno, umanamente parlando è difficile spiegare un fenomeno simile, la scienza però vuole trarre sempre le sue giustificazioni e spiegazioni come se volesse dimostrare di avere sempre una risposta a tutto, ma il fatto è che la composizione chimica della fiamma che faceva ardere il pruno senza bruciarlo potrebbe essere la stessa che permette al Sole di bruciare nonostante vi sia la completa assenza di aria.

Poiché Dio è il creatore di tutte le cose, comprese le leggi della fisica, quest'altro esempio è un chiaro *segno* che Dio esiste e che a Lui tutto è possibile, stravolgendo queste leggi e facendone l'uso che Lui ne vuole.

Aromi nello spazio

Le storie anticotestamentarie ci raccontano che l'uomo era solito offrire dei sacrifici al suo Dio per ottenere un favore o come semplice atto spontaneo di gratitudine per una *benedizione* ricevuta.
Ci sono casi in cui è Yavèh stesso a dare le istruzioni precise da seguire su come ricevere in dono un sacrificio specificandone in maniera precisa anche gli *ingredienti* da usare. Questi sacrifici venivano offerti attraverso la totale arsura di un animale tagliato a pezzi, in modo particolare dei primogeniti o comunque che fossero in uno status di salute sano, integro e senza alcun difetto.
Diremo di *"sana e robusta costituzione"*.
In altri casi ancora Yavèh chiedeva che venissero omesse anche determinate parti del corpo, i grassi e altro ancora.
Laddove la Bibbia ci espone un olocausto (dal greco Olòkaustos - *totalmente bruciato*), *come abbiamo già detto trattarsi di un sacrificio animale per Dio,* incontriamo il termine ebraico [recha] x:yrEä. ovvero *odore, profumo, aroma*. E non solo, si incontrerà anche il termine [nichoàch] x:xoyNI ovvero, *inebriante, tranquillizzante, calmante, ristabilizzante, più comunemente tradotto "soave".*
Capiamo che i fumi generati dalla combustione di questi sacrifici producevano degli *"odori inebrianti"*.
Visto e considerato che Yavèh stesso dava istruzioni precise sull'uso di ingredienti specifici e anche sulle modalità di "cottura" della vittima, possiamo dedurre che Yavèh amava in particolar modo quel genere di odori emessi dalla carne bruciata.
Possiamo immaginare Yavèh andare pazzo per l'odore della *"carne alla griglia"*.

Come sostiene l'eminente studioso prof. Biglino, il fine di tali sacrifici non era tanto *l'atto o le intenzioni* che gli uomini avevano nel sacrificare un animale per Dio, ma la semplice causa/effetto che avrebbe provocato il sacrificio in se, ovvero la produzione di odori particolari. Come sostiene Biglino nel suo recente saggio *"Il dio alieno della Bibbia"*, Yavèh non era interessato della cosiddetta *"predisposizione di cuore"* atta al sacrificare, ma ciò che gli importava erano solo gli odori.

Infatti, puntualizza il Biglino, quando Caino e Abele offrirono il loro sacrificio personale, Caino offrì i frutti e le verdure della terra mentre Abele offrì i primogeniti del suo gregge, Yavèh prese in considerazione solo il sacrificio di Abele come prova tangibile che Egli gradisse esclusivamente l'odore della carne bruciata piuttosto che l'odore *dell'insalata* arsa sul fuoco.

Sorgono delle domande:

- *Perché Dio aveva bisogno di sentire degli odori?*
- *Perché, come afferma lo stesso significato del termine "nichoàch", Dio sentisse la necessità di inalare degli odori inebrianti o calmanti e quindi dagli effetti medico-terapeutici psico-sensoriali?*
- *Dio ha realmente delle necessità?*
- *È vero che Dio gradiva solo l'odore della carne senza tener conto dell'atto sacrificale offerto dagli uomini?*

C'è chi sostiene che tali aromi erano per Dio come una *"dipendenza"* dai quali non riusciva a farne a meno. Viene sempre sostenuto da molti *"liberi pensatori"* che l'uomo si serviva di questi sacrifici perché conoscendone i principi psicofisiologici degli odori, avrebbero potuto "giostrarsi" al meglio Dio, inebriandolo, *ubriacandolo*[56] se così vogliamo dire e quindi farlo tranquillizzare da un suo stato di nervosismo e/o atteggiamento impulsivo che sicuramente lo avrebbe portato ad uccidere qualcuno.

    Quando Noè scese dall'Arca, la prima cosa che fece fu quella di *placare l'ira di Dio* erigendo un altare per offrire in sacrificio tutti gli animali che lui riteneva idonei, e subito dopo, quando Yavèh Elohiym ne sentì tali fragranze, *tranquillizzato dagli aromi* espresse le parole che tutti noi consociamo: *"non sterminerò mai più l'uomo con il diluvio...[...]"* ecc.

Una cosa del genere avviene più volte in cui si vede Dio calmarsi dopo aver inalato certi profumi (coincidenza?), ma c'è un *"però"* che potrebbe comunque far cadere la tesi dei *liberi pensatori*.

In Genesi al capitolo 32 leggiamo che mentre Mosè si trovava sul monte insieme a Yavèh, il popolo impaziente di aspettare e con il consenso di Aaronne si fabbricò un vitello d'oro per adorarlo come un dio.

Yavèh, *ingelosito*, riferì a Mosè di ciò che stava accadendo alle pendici del monte e mentre parlava disse: *"lascia che la mia ira si infiammi contro di loro, che io li consumi...[...]"*. Subito dopo Mosè lo scongiura di risparmiare quel popolo, che dopo tutto quel tempo e con tanto sacrificio era riuscito a farlo uscire dalla schiavitù: *"Perché, o Yavèh, la tua ira s'infiammerebbe contro il tuo popolo che hai fatto uscire dal paese d'Egitto con grande potenza e con mano forte? Cosa penserebbero gli egiziani venendo a sapere che hai sterminato*

---

[56] Ricorda un po' la storia di Ulisse, quando con la sua astuzia fece ubriacare Polifemo con il vino, escogitando così la via di fuga.

il tuo popolo dopo averlo liberato? Ricordati del giuramento fatto ad Abrahamo, Isacco e Israele (Giacobbe)...".
A questo punto Yavèh, avendo accolto il consiglio del suo servo Mosè si tranquillizza e si calma pentendosi di quello che aveva intenzione di fare da li a poco. Al capitolo 33 si rilegge per una seconda volta quanto Yavèh disse sul monte *"Voi siete un popolo dal collo duro; se io salissi per un momento solo in mezzo a te, ti consumerei! Adesso, butta via tutti quei gioielli e vedrò io di non farti nulla."*
Come se Dio avesse detto: *"Se non fosse stato per Mosè che mi avrebbe fermato in tempo, vi avrei sterminati tutti!"*
    Bene, è evidente che non è stato necessario un olocausto dagli odori soavi a far cambiare idea a Yavèh, ma un semplice dialogo *"civile"* tra *"amici"*.
La teoria dei *liberi pensatori* è a questo punto un nonsenso.
Poiché nei secoli a venire si è continuata la pratica dell'olocausto, secondo gli scienziati l'Universo si sarebbe come *impregnato* di questi odori a Lui graditi. Sempre il prof. Biglino, nel suo libro *"Il dio..."* cita un articolo di giornale su una dichiarazione che la NASA stesso ha divulgato. Un gruppo di astronauti hanno testimoniato di aver percepito un forte odore di carne bruciata durante la loro spedizione nello Spazio.

Nel 2006, una ricca imprenditrice iraniano-americana, ha partecipato come turista ad una spedizione di otto giorni a bordo di una stazione aerospaziale e al suo rientro ha dichiarato di aver percepito oltre l'atmosfera terrestre uno strano odore simile alla *puzza di biscotti alle mandorle bruciati.*

Tengo a precisare che laddove sia possibile scorgere degli odori si presuma che questi ultimi vengano inalati dal nostro naso attraverso la respirazione (presenza di aria), ma poiché nello spazio vi è assenza di aria è altresì impossibile respirare, e percepire degli odori è altrettanto inconcepibile.

Pur indossando le tute spaziali sarebbe impossibile poiché qualora questi presunti odori si infiltrassero nelle tute significherebbe che vi è dispersione di ossigeno, in questo caso all'astronauta resterà poco da vivere.

Le tute spaziali sono chiuse ermeticamente e gli unici odori che percepirebbe l'astronauta sarebbero quelli emessi dal suo stesso corpo.

Qualora gli astronauti si trovassero anche senza una tuta spaziale, quindi inevitabilmente ben chiusi dentro una stazione aerospaziale, gli odori sarebbero stati comunque impossibili da sentire se non quelli provenienti dall'interno della stazione e non da fuori.

La NASA avrebbe addirittura commissionato ad una importante azienda britannica produttrice di profumi di riprodurre delle fragranze alla *"carne grigliata"* in modo tale da poterle adoperare durante le sessioni di addestramento per simulare gli aromi spaziali.

Anche in questo caso è inevitabile che sorgono altre domande:

- *Come già detto poc'anzi, com'è possibile percepire odori in un ambiente irrespirabile qual è lo spazio vuoto, ovvero dove manca aria da respirare?*
- *Non potrebbe trattarsi di una presunta "cospirazione" ingegnosamente macchinata e progettata dalla NASA sfruttando la testimonianza olfattiva della "ricca imprenditrice turista" a conferma di tale affermazione?*
- *Non potrebbe essere che la "turista iraniana" sia diventata realmente "ricca" solo dopo aver fatto la sua affermazione a favore della NASA?*

Queste sono domande alle quali non troveremo mai una risposta, ma ciò che conta comunque è porsi tali domande e meditare.

Se le affermazioni del prof. Biglino, la NASA e della *ricca imprenditrice* fossero reali, il senso biblico del "sacrificio" verrebbe annullato perché Dio risulterebbe così un dio egoista interessato solo ai suoi "piaceri" e non interessato alle sue creature che predispongono il proprio cuore e la propria vita a Lui, anche attraverso il sacrificio di ciò che le loro mani hanno lavorato.

A sostegno di tale ipotesi si fa notare in maniera volutamente forzata che le Scritture dicono che Yavèh vietava categoricamente, pena l'esclusione dal popolo, la riproduzione ti tali aromi e mescolanze di ingredienti specifici per usi prettamente umani.

Quei profumi erano *egoisticamente* ed esclusivamente riservati a lui!

La traduzione letterale di Esodo 30:37-38 dice che:

"E il profumo che farai con la stessa composizione, non farete per voi, sacro sarà per te, (ma consacrato) per Yavèh. Colui che farà (riprodurrà) questo (ingrediente) per sentirne l'odore allora sarà tagliato (escluso, ucciso) dal popolo suo."

L'interpretazione teologica degli olocausti offerti da Caino e Abele non vuole mettere in evidenza gli eventuali fumi aromatici graditi o meno prodotti dai loro doni animali o vegetali, ma vuole mettere in evidenza proprio la *"predisposizione del cuore"*, al contrario di quello che ci viene fatto credere.

Ciò è disinformazione.

Ovviamente Caino non aveva altro da offrire se non verdure dato che non si occupava di pascolo, il suo essere contadino non era certo una colpa anzi un vantaggio al bene comune di tutta la famiglia, ma il suo problema stava dentro al suo cuore che non era predisposto ne desideroso di voler sacrificare a Dio ciò che il *sudore della sua fronte* aveva prodotto.

Quello che pensava Caino probabilmente era:
"Ma come! Prima Dio ci impone di procurarci da mangiare col sudore della nostra fronte e poi dopo tanto sacrificio dobbiamo "mandare in fumo" ciò di cui ci nutriamo?"
Abele non ragionava in questo modo e per questo la sua offerta, che sia stata di natura animale o vegetale, fu presa inconsiderazione da Yavèh.
Dio conosce e scruta i cuori.
Caino era contadino e non poteva che offrire i frutti della terra; Abele era un pastore di greggi e non poteva che offrire pecore, capre, mucche e quant'altro... e Adamo allora cos'avrebbe potuto offrire? Se Adamo fosse stato un costruttore di case ed Eva una sarta, cos'avrebbero potuto offrire entrambi?
Certamente Adamo avrebbe potuto costruire altari dedicati a Dio, mentre Eva avrebbe potuto realizzare degli indumenti particolari per tutta la famiglia, da utilizzare in onore di Yavèh durante la sua adorazione. Non riesco ad immaginare Adamo ed Eva appiccare fuochi nelle case o bruciare montagne di indumenti per offrirli in olocausto al Signore!

"Eva! Mi stai sulle costole!"

Per sino il Nuovo Testamento afferma che la vita di coppia è sinonimo di tribolazioni[57]. E alla luce del discorso che stiamo per affrontare - *per gioco di parole* - credo che non vi sia affermazione più azzeccata come quella scritta nel titolo di questo paragrafo. La creazione dell'uomo e della donna è uno degli argomenti biblico-scientifici più affascinanti contenuti all'interno di tutta la Bibbia. Trattare questo argomento è sempre stato per me molto emozionante, perché oltre che a parlare della grandezza di Dio, si parla anche di ingegneria genetica. Per introdurre questo argomento non facile da esporre dovrò necessariamente darvi dei concetti base sulla grammatica ebraica, utili per capire.

*L'alfabeto ebraico è costituito da **22** consonanti di cui solo cinque di esse hanno una seconda forma a se. Ovvero, queste cinque, quando si trovano alla fine di una parola, assumono una forma graficamente diversa, ma non cambia il significato. La rappresentazione grafica di ogni lettera si chiama **grafema**.*

ם	ד	א	*'adàm = **Essere umano, uomo.** La lettera evidenziata è la consonante "Mem" (M) nella sua versione "finale". È l'ultima consonante del termine ebraico e prende il nome di Mem finale.*
ה	מ	ד	א	*'adamàh = **Terra, suolo.** La lettera evidenziata è la consonante "Mem" (M) nella sua forma normale. La Mem naturale assume questa forma quando si trova in mezzo ad un termine o comunque che non sia alla fine di una parola.*

---

[57] 1 Corinzi 7:28

Come abbiamo già imparato prima, tra מ e ם non c'è alcuna differenza, la prima è la *mem (M)* normale, la seconda è la *mem (M)* finale. Voglio rappresentare lo schema che segue con dei quadrati, così da potervi inserire all'interno di ciascuno di esso una lettera per riquadro e disporre le parole in modo da far coincidere, una sopra l'altra, la particella in questione.
Seguendo i numeri si potrà far riferimento alla tabella seguente:

- Attraverso la **terra**[1] Dio crea **l'uomo**[2]
- L'uomo è costituito da **sangue**[4] che per **esso**[1] è vita
- Il **sangue**[4] è di colore **rosso**[3]
- E **rossa**[3] lo è anche la **terra**[1] da cui **l'uomo**[2] fu tratto

TESTO EBRAICO						TRASL.	TRAD.	N°
ה	מָ	דְ	אֲ			Adamà	terra, suolo. Terra rossastra	1
	ם	דָ	אָ			Adàm	essere umano	2
	ם	דְ	מָ	דְ	אֲ	Àdamdam	rossiccio, rossastro	3
		ם	דָ			Dàm	sangue	4

Attraverso questo semplice schema possiamo vedere che prendendo come modello principale il termine **Adamà** (terra), possiamo trovare altri due termini: **Àdam** (essere umano) e **Dàm** (sangue). A*damà* vuol dire anche "terra rossa".

Tutti e tre i termini hanno il "dam" in comune e questa è proprio la particella chiave che li lega profondamente.

Se usassimo la *Ghematria*[58] in Dàm, otteniamo il valore numerico di 44, ovvero 40 la lettera Mem (m) e 4 la lettera Dàlet (d).

Il numero 44 è anche la somma del valore numerico di אב = 'av (padre) e אם = 'em (madre).

Il valore di padre è 3 e il valore di madre è 41 = 44.

Quindi, questa parte di sangue è ciò che deriva dall'unione *(di una metà)* del padre e *(di una metà)* della madre.

- Dio trasse **l'essere umano**[2] dalla *polvere* ('afàr) di una **terra**[1] **rossiccia**[3], soffiandoVi nelle narici un *Alito Vitale*[59].
- Dio diede "vita" a questa **terra**[2] **rossa**[3] trasformandola in **linfa vitale, in sangue**[4] che, per **l'essere umano**[2] come per ogni essere vivente, è **vita**[4];
- Il **sangue**[4], quando si coagula o muore, diventa solido e si riduce in polvere, simile ad un **terriccio**[1-3] **rossastro**[3], quindi **l'essere umano**[2] dalla polvere della **terra**[1] è stato tratto, diventando **sangue**[4], e polvere ritornerà diventando nuovamente **terra rossastra**[1-3];
- Dio trasse Eva da **Adamo**[2], dalla *costola* di lui;

---

[58] La **Ghematria** è lo studio numerologico delle parole scritte in lingua ebraica.
[59] Attraverso il Suo soffio, Egli da la vita (Giobbe 32:8; 33:4; 34:14) e la toglie (Isaia 11:4; 2 Tessalonicesi 2:8)

צֶלַע (Tsēlāh)

LA RADICE צלע RICORRE NELL'ANTICO TESTAMENTO IN TOTALE PER BEN *49 VOLTE*

צָלַע *zoppicare o "anomalia" fisica (4)*[60]

צֹלֵעַ
1.   Genesi 32:31,32   ...e Giacobbe *zoppicava* dell'anca

הַצֹּלֵעָה
2.   Michea 4:6   ...io raccoglierò le pecore *zoppe*
3.   Michea 4:7   ...di quelle che *zoppicano* farò un resto
4.   Sofonia 3:19   ...salverò la pecora che *zoppica*

צָלַע *cadere, inciampare (4)*

לְצֶלַע
5.   Salmo 38:18   ...perché io sto per *cadere*

צַלְעִי
6.   Geremia 20:10   ...spiano se io *inciampo*

וּבְצַלְעִי
7.   Salmo 35:15   ...quand'io *vacillo*...

לְצַלְעוֹ
8.   Giobbe 18:12   ...la sua forza vien meno ...la calamità gli sta pronta al *fianco*

---

[60] Il numero all'interno della parentesi vuole rappresentare il numero di volte in cui ricorre quella determinata radice in tutto l'Antico Testamento.

צֶלַע *una metà di qualcosa (41)*

וְהַצְּלָעוֹת
9.	Ezechiele 41:6[1]	...una *accanto*

צֵלָע
10.	Ezechiele 41:6[2]	... *all'altra*, in numero di trenta

מִצַּלְעֹתָיו
11.	Genesi 2:21	...prese una delle *costole* di lui

הַצֵּלָע
12.	Genesi 2:22	...con la *costola* che aveva tolta all'uomo

13.	1 Re 6:8	...l'ingresso del piano di mezzo si trovava *al lato* destro della casa
14.	Ezechiele 41:5	...la larghezza delle camere *laterali* tutt'attorno alla casa
15.	Ezechiele 41:11	...le porte delle camere *laterali* davano sullo spazio libero

לַצֵּלָע
16.	**Ezechiele 41:9**[1]	...del muro esterno delle camere *laterali*

צֶלַע־
17.	Esodo 26:26	...per le assi di *un lato* del tabernacolo
18.	**Esodo 26:27**[1]	...per le assi dell'altro *lato* del tabernacolo
19.	Esodo 36:31	...per le assi di un *lato* del tabernacolo
20.	Esodo 36:32	...per le assi dell'altro *lato* del

צֶלַע
21.	**Esodo 26:27**[2]	...per le assi della *parte* posteriore del tabernacolo
22.	Esodo 26:35[1]	...dal *lato* meridionale del
23.	Esodo 26:35[2]	...dal *lato* di settentrione

בְּצֶלַע
24.   2 Samuele 16:13   ...camminava a *fianco* del monte

וּלְצֶלַע
25.   Esodo 26:20   ...per il secondo *lato* del tabernacolo
26.   Esodo 36:25   ...per il secondo *lato* del tabernacolo

צַלְעוֹ
27.   Esodo 25:12^1 ...due anelli da un *lato*
28.   Esodo 25:12^2 ...e due anelli dall'altro *lato*
29.   Esodo 37:3^1 ...due anelli da un *lato*
30.   Esodo 37:3^2 ...e due anelli dall'altro *lato*

צְלָעִים
31.   1 Re 6:34   ...ciascun *battente* si componeva

צְלָעוֹת
32.   1 Re 6:5   ...e fece delle camere *laterali*
33.   **Ezechiele 41:9^2**   ...delle camere *laterali*

הַצְּלָעֹת
34.   1 Re 7:3   ...copriva le camere *[laterali ?]*

הַצְּלָעוֹת
35.   Ezechiele 41:8   ...così le camere *laterali* ...

וְהַצְּלָעוֹת
36.   Ezechiele 41:6^1 ...le camere *laterali* erano

לַצְּלָעוֹת
37.   Ezechiele 41:6^2 ...queste camere tutt'*attorno* alla casa
38.   Ezechiele 41:7   ...le camere occupavano maggiore *spazio*

צַלְעֹת
39.   Esodo 25:14   ...per gli anelli ai *lati* dell'arca
40.   Esodo 37:5   ...per gli anelli ai *lati* dell'arca
41.   Esodo 27:7   ...ai due *lati* dell'altare

42.		Esodo 38:7	...ai *lati* dell'altare
וְצַלְעֹת			
43.		Ezechiele 41:26	...alle camere *laterali* della casa
בְּצַלְעוֹת			
44.		1 Re 6:15[1]	...di tavole di cedro *[rivestire le pareti]*
45.		1 Re 6:15[2]	...di tavole di cipresso *[rivestire le pareti]*
46.		1 Re 6:16	...di tavole di cedro *[rivestire le pareti]*
צַלְעֹתָיו			
47.		Esodo 30:4	...ai suoi due *lati*
48.		Esodo 37:27	...ai suoi due *lati*
בְּצֶלַע			
49.		2 Samuele 21:14	...a *lato*, nella tomba di Chis

La traduzione dei LXX e la Vulgata traducono "a lato".
Le nostre traduzioni indicano anziché un lato, una località, "Tsela". Archeologicamente non si hanno delle conoscenze su questa città della tribù di Beniamino, fatto sta che nelle Scritture non ricorre da nessun'altra parte. La traduzione più probabile è **"a lato"** e non "a Tsela" (o "a Sela")

NOTA BENE

מִצַּלְעֹתָיו			
11.		Genesi 2:21	...prese una delle *costole* di lui
הַצֵּלָע			
12.		Genesi 2:22	...con la *costola* che aveva tolta all'uomo

Alla luce di quanto abbiamo studiato prima e considerando la struttura generale di צֶלַע, la traduzione "costola" è improbabile.
La traduzione **probabile**, invece, è "un lato" o meglio ancora **"la metà"**, **vedi glossario poco avanti.**

Per non appesantire ulteriormente la lettura, verrà trascritto solo la traduzione letterale di Genesi 2:21-24

Genesi 2:21   E fece cadere Yavèh Elohiym *un* profondo sonno su *lo* uomo, egli *si* addormentò, prese[61] una sua **metà** e *richiuse al posto d'essa la carne*[62].

Genesi 2:22   E divisa[63] il Yavèh Elohiym la **metà** presa dall'uomo, una donna formò conducendola verso l'uomo.

Genesi 2:23   E disse l'uomo: *"Questa, finalmente, è osso delle mie ossa e carne della mia carne. Ella sarà chiamata moglie perché dal marito*[64] *è stata tratta questa.*

---

[61] Divise *[rif. al punto 3]*

[62] In questa straordinario avvenimento vediamo Dio fare "l'anestesia totale" ad Adamo e a "dividere" la sua **metà**. Dio compie "l'operazione chirurgica" risanando quella **metà** di cui Adamo ne era momentaneamente privato.

[63] Il termine ebraico utilizzato per indicare questa divisione è ‏וַיִּבֶן‎ = vayyiven che i Masoreti annotano nella **"Masora Parva"** (note ai margini del testo), della BHS, con il seguente termine e senza i segni di lettura: ‏בתר‎. A sua volta il termine ‏בתר‎ è collegato ai seguenti termini: ‏בִּתֵּר‎ = Bit**ér** = *tagliò in pezzi*; e ‏בֶּתֶר‎ = Vet**ér** = *parte tagliata*.
Da notare che la radice è sempre la stessa, ma cambia la punteggiatura (pronuncia diversa e parola diversa). Solitamente, quando si "taglia" qualcosa si tende a *separarla* da una sua stessa componente singolare, come se dividessimo in due parti una mela. In questo caso è deducibile che Dio "divide" questa metà, ma non la "spezza" come sarebbe ovvio che si faccia con un osso, nel caso in questione la "costola".

[64] La traduzione classica "uomo" è scorretta perché il termine cambia: mentre nei versetti precedenti il termine ebraico che indica *"uomo"* è "Àdam", in questo caso è scritto "Iysh", mentre donna è scritto "Iyshà". *Marito* e *moglie* è più corretto, oppure *maschio* o *femmina d'uomo*.

Genesi 2:24 *Quindi l'ascerà il marito suo padre e sua madre, si unirà a sua moglie e saranno carne unica*[65]

RIEPILOGO
Il vocabolo tradotto in Genesi 2:21, 22 con *"costola"* è *Tselàh* e questa radice si trova nell'Antico Testamento ben 49 volte (7x7).
Questo verbo, per 8 volte, significa "zoppicare", "inciampare" e per 41 volte, significa "un lato", "un fianco", "una parte" (di due), "un battente" (della porta), ecc.
La traduzione *"costola"* che descrive la creazione della donna, è quindi **un errore!**
La traduzione ebraica corretta è sicuramente: *un lato* di due, *una parte* di due, **una** *metà*.
È altresì interessante notare che (lfc" nella Bibbia è usata solo in contesti creativo-riproduttivi (formazione della donna, costruzione del Tabernacolo, del Tempio e il nuovo Tempio)
Alla luce delle conoscenze attuali, possiamo comprendere il modo usato da Dio *(che può tutto con o senza costola)* per la formazione della donna:
Una metà dell'uomo (la metà di ogni cellula, con un elemento di ciascuna coppia di cromosomi), quella che contiene il cromosoma X, *è stata tolta dall'uomo e subito duplicata così esso è rimasto integro. ("richiuse la carne al posto d'essa")*
Partendo da questa metà e duplicandola, Dio ha formato la donna.

---

[65] Abbiamo detto che Dio divise la metà di Adamo. Ad operazione compiuta, Dio "rianima" Adamo. Successivamente avviene che l'uomo si "divide" anch'esso dai suoi genitori (senza però "spezzare" alcun legame affettivo) per diventare cosa unica con Eva, una stessa carne, richiudendo in loro stessi la loro stessa carne ("Adamo si unirà a sua **moglie**"). La metà di cui l'uomo ne era temporaneamente sprovvisto è ritornata al suo posto.

Le cellule della donna infatti contengono due cromosomi X (XX) e nessun cromosoma Y.

- Eva ebbe vita attraverso questa metà parte di Adamo[1];
- La vita di Eva proviene dal sangue[4] di Adamo[1];
- Nel sangue[4] c'è il DNA, codice della vita;
- Dio prese la metà di Adamo[1] e vi fece la donna;
- Il DNA dell'essere umano[1] maschio è formato da coppe di cromosomi XY;
- Il DNA dell'essere umano donna è formato da coppie di cromosomi XX;
- Dio prese la metà di Adamo[1], dal suo sangue[4], quindi dal suo DNA;
- Dio prese la metà di Adamo[1] X , la raddoppiò in XX e vi richiuse la carne risanando il cromosoma X di lui[1];
- Dal cromosoma X di Adamo[1] venne tratta la Donna (XX);
- Dio creò l'uomo[1] dalla terra[2] e dall'uomo[1] creò la donna;
- La donna è stata tratta mediante un'altra creatura[1] vivente.

Una sola carne

"I due saranno una sola cosa" e *"l'uomo non separi ciò che Dio ha unito"* sono oggi delle frasi comunemente adoperate durante la celebrazione di un matrimonio.
La frase che però colpisce più la nostra attenzione è la prima: *"i due saranno una sola cosa, una sola carne"*.
Oggi, da un punto di vista letterale è impossibile che una cosa del genere possa avvenire, perché dopo aver contratto a nozze, marito e moglie non si fondono in un unico corpo come avviene mediante la fusione di una lega tra due metalli differenti.
Gli unici individui ad essere *"carne della loro carne"* in senso letterale sono stati il primo Adàm con la sua Adàm femmina. Infatti come dicono le Scritture in lingua originale, Eva fu tratta attraverso l'estrazione di una *metà* dell'Adàm maschio.
Loro sì che possono dire *"siamo fatti della stessa carne"* perché Dio ha generato la donna attraverso un "pezzo" dell'Adam, e non mediante un concepimento e di conseguenza una gravidanza.
Da Caino in poi la prole nasce mediante concepimento e gravidanza e, crescendo, tra individui di famiglie differenti e dopo la procreazione permessa tra membri della stessa famiglia, tra estranei ci si conosce, ci si innamora, ci si fidanza, ci si sposa e si generano figli. Questo è il ciclo continuo della vita.

Quando in Genesi Dio ordina *"perciò l'uomo lascerà suo padre e sua madre, si unirà a sua moglie e diventeranno una sola carne"* significa che proprio al concepimento è prevista la fusione tra lo spermatozoo e l'ovulo - *"diventano una sola carne"* - generando una creatura vivente. Una parte di lei e una parte di lui si uniscono per diventare *una sola cosa*.

A tal proposito, il Nuovo Testamento fa un accenno a questo passo in quanto l'apostolo Paolo alla prima lettera ai Corinzi capitolo 6 versetto 16 afferma: *"Non sapete che chi si unisce alla prostituta è un corpo solo con lei? Poiché"* - Dio dice - *"i due diventeranno una sola carne."*
In Levitico[66] e in Genesi 38:1-10 viene evidenziato anche un aspetto molto importante che riguarda il divieto di Dio sull'avere un rapporto sessuale senza concepimento. Il rapporto sessuale doveva avvenire solo per procreare e quand'anche ci si accostasse ad una prostituta il seme non doveva andare disperso.

L'essere una sola carne non era indicato solo sul contatto fisico sessuale, ma dal contatto in se tra seme ed ovulo.
Nei matrimoni di oggi, l'essere *"una sola carne"* viene inteso più in un senso di romanticismo sentimentale.
"L'uomo non separi ciò che Dio ha unito" *(seme maschile e seme femminile)* possiamo intenderlo, a questo punto, che dopo il concepimento, all'uomo non è permesso di separare in maniera forzata all'interno del grembo materno ciò che *Dio ha unito* e sta *crescendo*: l'aborto.

---

[66] Levitico 15:16,17; 15:32; 22:4

Indagine su Caino e Abele

Approfittando del fatto che siamo parlando di sangue, cromosomi e di genetica, vorrei proporvi un'indagine, possibile ma non certa, che Dio abbia fatto su Caino nei confronti di Abele:

Genesi 4:8	Un giorno Caino parlava con suo fratello Abele e, trovandosi nei campi, *Caino si avventò contro Abele, suo fratello, e l'uccise.*
Genesi 4:9	Il Signore disse a Caino[67]: «Dov'è Abele, tuo fratello?» Egli rispose: *«Non lo so. Sono forse il guardiano di mio fratello?»*
Genesi 4:10	Il Signore disse: *«Che hai fatto? La **voce del sangue**[68] di tuo fratello grida a me dalla terra.*
Genesi 4:11	*Ora tu sarai maledetto, scacciato lontano dalla terra che ha aperto la sua bocca per ricevere il sangue di tuo fratello dalla tua mano.*
Genesi 4:14	*...sarò vagabondo e fuggiasco per la terra, così chiunque mi troverà, mi ucciderà[69]».*

---

[67] Dio sottopone Caino ad un interrogatorio chiedendo dove fosse finito suo fratello Abele. Caino risponde di non sapere nulla in quanto egli non si vuole assumere la "responsabilità" sulla sicurezza di Abele, nonostante sia il fratello maggiore.

[68] Abele è il primo essere vivente a morire. Dio "sente" la morte di Abele attraverso il "segnale" che il sangue gli lascia.

[69] Caino, pur non mostrando alcun segno di pentimento di ciò che ha fatto, è consapevole del crimine commesso iniziando ad essere sopraffatto dalle paure e dall'autocommiserazione.

Genesi 4:15   Ma il Signore gli disse: «*Ebbene, chiunque ucciderà Caino, sarà punito sette volte più di lui[70]*».
Il Signore mise un "segno" su Caino[71], *perché nessuno, trovandolo, lo uccidesse.*

Attraverso questo breve racconto possiamo immaginare Dio nelle vesti sia di un criminologo che di un giudice.
Dio, Onnisciente, pur sapendo cosa fosse successo, mette alla prova il grado d'onestà di Caino. Dio sottopone Caino ad un interrogatorio piuttosto conciso, senza raggiri né trabocchetti per poterlo incastrare. In quel momento Caino cerca di "lavarsene le mani" dicendo di non sapere nulla in merito, mentre magari aveva le vesti e le mani visibilmente sporche di sangue. Il tono della sua risposta fa capire che la "vita" del fratello non lo riguardava, vale a dire che Abele fosse abbastanza maturo da poter badare a se stesso.
In quel momento Dio vede la disonestà di Caino e, magari, confrontando il sangue sulle sue vesti e il sangue di Abele arriva alla soluzione del caso. Caino viene condannato per l'uccisione del fratello, con l'aggravante di aver mentito al

---

[70] Dio, giusto Giudice, "condanna" la condanna a morte e chi condanna un assassino a motivo del delitto commesso, commette un crimine 7 volte maggiore del condannato. Oggi tante persone sono condannate per mezzo della sedia elettrica, dell'iniezione. Riflettiamo su questo. Un condannato a morte può ancora ravvedersi e se dovesse ravvedersi (Luca 23:43) risulterà perdonato agli occhi di Dio, ma rimane sempre un condannato agli occhi dell'uomo. Quando il ladrone sulla croce riconobbe Gesù come il Signore, si pentì, mentre ne i sacerdoti ne i soldati romani li presenti hanno avuto compassione per il suo pentimento e salvezza ricevuta da Cristo.
[71] Dio maledice Caino, ma gli permette di *ricominciare daccapo* esiliandolo. A questo punto Caino si trova in una condizione simile agli arresti domiciliari stabilendosi a Nod, in quanto, nonostante abbia commesso un crimine, viene tutelato affinché nessuno lo uccida.

Giudice. Dio, da bravo giudice e criminologo, non vuole dare sentenze traendone subito delle conclusioni, ma vuole dimostrare a Caino che nonostante egli stesso mentiva c'erano le prove tangibili che testimoniavano contro di lui. Dio dunque, che conosce ogni cosa, riconosce il sangue di Abele. E grazie al sangue di Abele, Dio ha dimostrato a Caino che il DNA coincideva con lo stesso DNA contenuto nel sangue delle sue mani e delle sue vesti sporche. E fu chiaro che l'assassino era Caino.

DIO MISE UN "SEGNO" A CAINO, COSÌ CHIUNQUE LO INCONTRERÀ NON LO UCCIDERÀ.

In cosa consisteva questo segno la Bibbia non lo dice.
Dio afferma che chiunque ucciderà Caino esso sarà punito sette volte di più; al capitolo 4 di Genesi al verso 24 Làmek, pronipote di Caino, afferma che *"se mio nonno (Caino) sarà vendicato sette volte, io sarò vendicato settantasette volte"*.
Fatto sta che il *"segno"* aveva a che fare con un riconoscimento materialmente visibile che implicava ad una *"protezione"* a favore dell'individuo contrassegnato con un segno che non si sa quale fosse. Molti pensano ad un segno sulla fronte, o addirittura ad una *"modifica"* genetica sulla fisionomia del viso tanto è vero che chiunque lo avesse incontrato avrebbe visto in lui una fisionomia non appartenente a quell'etnia, di razza diversa.
Tuttavia, poiché non abbiamo delle prove, tutto rimane in dubbio.
Alla fine del suo vagabondare - *e nemmeno in questo caso sappiamo quanto tempo durò il suo viaggio* - Caino si stabilisce in un paese chiamato NOD, dove vi prese moglie e da essa ebbe un figlio che chiamò Enok, nome che attribuì anche alla città costruita.

Attraverso dei rilevamenti e dei riferimenti a nomi di città risalenti ai tempi degli Aztechi (Mesoamerica), la capitale storica di quel popolo fu *Tenoktitlan - città di Tenok* - in onore agli antenati giunti dal Pacifico[72]. E poiché gli Aztechi avevano l'abitudine di aggiungere la lettera "T" davanti ad ogni nome è probabile che fosse proprio la prima città eretta da Caino, Enoch.

---

[72] L'unica terra emersa di quel tempo era ancora il mega-continente "Pangea", quindi Caino dovette superare una certa area marittima chiamata "Pacifico", e una volta superata lì vi si stabilì. Caino fu il primo *"indiano d'America"* da cui hanno avuto origine i Maya, Aztechi, Incas e tutte le etnie latino americane. Probabilmente fu lui ad introdurre la costruzione delle prime piramidi nello Yucatàn, ma questa resta sempre un'ipotesi.

Adamo ed Eva e la loro storicità

L'argomento più interessante per considerare Genesi storicamente e letteralmente reale è certamente il fatto che tale lo considera Gesù stesso.
Nei diversi passi che andremo ad analizzare scopriamo una realtà evidente, ma che a motivo della sconoscenza delle lingue originali risulta invisibile.
Il nome "Adamo", nell'Antico Testamento, non esiste.
Qui non subentra il semplice fatto di aver tradotto male il Testo Standard, ma sta di fatto che nella traduzione viene aggiunto un nome testualmente inesistente.
Come abbiamo già visto, il termine "Adàm", appunto, non significa Adamo, ma significa *terrestre, essere umano*. Questo essere umano viene poi chiamato Iysh *(maschio d'uomo o marito)* e Iysha *(femmina d'uomo o moglie),* mentre il nome di

Eva figura in maniera chiara [Chawah] חַוָּה.

Il nome Adamo viene menzionato come nome proprio di persona solo nel Nuovo Testamento in greco, e tale Testamento ne afferma e ne conferma la storicità.

Nel Testo Standard del Nuovo Testamento, il nome di Eva è più plausibile che sia un nome proprio reale, mentre il termine Adam, come già detto, che nell'Antico Testamento non è un nome proprio di persona, rappresenta un tipico elemento di semitismo letterale. Vale a dire che nel testo in lingua originale viene utilizzato un termine ebraico ma scritto in greco.

Ebraico: אָדָם   Greco: αδαμ   Traduzione: Adàm

- Il nome *Adamo* in Genesi non esiste;

- Il termine Adàm in ebraico significa *"essere umano, terrestre, colui che è della terra"*, non si riferisce ad un nome proprio e molto spesso questo termine ricorre con l'articolo d'avanti *(Ha-Adàm - "Lo Adam" - l'umano)*;
- Anche nel Nuovo Testamento figura il termine Adàm e allo stesso modo non significa Adamo poiché si tratta di un semitismo trascritto in lingua greca.

Per comprendere ancora meglio il concetto di "semitismo, altri due esempi possiamo riscontrarli in **Matteo 5:18** e **Luca 16:17** su riferimenti alle lettere dell'alfabeto ebraico e greco:

1. **Nel primo caso leggiamo** *"neppure uno iota o un apice"*;
   a. La lettera Iota (maiuscola: I - minuscola: ι) è una lettera greca ed è la più piccola di tutto l'alfabeto;
   b. L'apice invece **non** è una lettera ma è una piccola porzione di lettera ebraica (He: ה);
   c. Questa porzione di lettera è lo spazio vuoto presente tra i due elementi grafici che compongono la lettera ebraica He, così come rappresentato nell'esempio;

   d. In questo caso si parla di semitismo letterale in quanto **Matteo 5:18** è una frase citata da Gesù. Ovviamente Gesù parlava in aramaico e tale sua affermazione la disse nella sua lingua ma trascritta in greco da Matteo perché la Iota corrisponde alla lettera ebraica Yod y, *(quella menzionata da Gesù)*, mentre l'apice non è traducibile come elemento grammaticale nell'alfabeto greco;

e. Gesù si riferiva alla Yod nonostante Matteo abbia scritto Iota.

2. **Nel secondo caso leggiamo** *"è più facile che passino cielo e terra, anziché un apice della legge"*;
   a. Anche in questo passo notiamo un semitismo trascritto in greco;
   b. Stesso discorso di Matteo 5:15;
   c. Attraverso queste due citazioni bibliche possiamo notare la grande importanza che Gesù dava non solo ad ogni singola lettera delle Scritture, ma anche ad ogni singolo elemento che compone le lettere in se.

Chiusa la parentesi sul semitismo letterale in merito al termine Adàm, si considerino i seguenti brani come esempio di storicità del personaggio:

- **Matteo 19:4-5** *(Gesù considera letterali Genesi 1 2);*
- **Luca 3:38** *(Adamo ha la stessa considerazione di Davide, i Abrahamo e di Gesù);*
- **Romani 5:12** *(Adamo vero uomo, non una favola);*
- **Romani 5:14** *(Adamo storico come Mosè);*
- **Romani 5:15** *(Adamo storico come Cristo);*
- **1 Corinzi 6:16** *(Storicità di Adamo ed Eva);*
- **1 Corinzi 11:18** *(Adamo venne prima di Eva);*
- **1 Corinzi 11:9, 12; 15:21-22,45** *(Storicità dei primi esseri umani);*
- **2 Corinzi 11:3** *(La storicità della tentazione ad Eva da parte del Diavolo è parallela alla nostra tentazione nella storia spazio-temporale).*

Ecco qualche altro esempio da analizzare: *Efesini 5:31; 1 Timoteo 2:13, 14; 1 Giovanni 3:12; Giuda 11*.

CALCOLI MATEMATICI TRA BIBBIA, SCIENZA E SUMERI
SECONDO ZECHARIA SITCHIN (*La Bibbia degli déi*[73])

I dati sumeri fanno risalire la creazione dell'Adàm a circa 290.000/300.000 anni fa. Un arco di tempo che la stessa scienza moderna può confermare, a differenza da quanto sostiene la Bibbia.
I testi antichi non ci dicono per quanto tempo Adamo ed Eva rimasero nel Giardino, quando ricevettero la capacità di procreare, quando furono espulsi nell'Africa sud-orientale, né quando nacquero Caino e Abele. Cinquantamila anni fa? Centomila anni fa? Qualunque sia l'esatto lasso di tempo, appare evidente che il periodo in cui Adamo ed Eva generarono figli e figlie, coincide perfettamente dal punto di vista cronologico con gli attuali dati della scienza.
Una volta che questi primi umani scomparvero dalla scena, ecco che fece la sua comparsa il vero e proprio Adamo con la sua stirpe. Secondo la Bibbia, i patriarchi antidiluviani - *che avevano cicli di vita che potevano sfiorare i 1000 anni di età* - procrearono in un lasso di tempo di 1.656 anni a partire da

Adamo (individuo vero e proprio) fino al Diluvio:	
Età di Adamo quando ebbe Set	130 anni
Età di Set quando ebbe Enos	105 anni
Età di Enos quando ebbe Qenan	80 anni
Età di Qenan quando ebbe Mahalaleel	70 anni
Età di Mahalaleel quando ebbe Iared	65 anni
Età di Iared quando ebbe Chenok	162 anni
Età di Chenok quando ebbe Metushalach	65 anni
Età di Metushalach quando ebbe Lemek	187 anni
Età di Lemek quando ebbe Noah	182 anni
Età di Noah quando si verifico il Diluvio	600 anni
Dalla nascita di Adamo al Diluvio	**1.656 anni**

---

[73] Op. cit. in Bibliografia.

Sono stati compiuti numerosi tentativi di riconciliare questi 1.656 anni con i 432.000 anni sumeri, in particolare visto e considerato che la Bibbia elenca dieci patriarchi pre-diluviani da Adamo a Noè e che la *Lista dei Re* sumera elenca dieci sovrani pre-diluviani, l'ultimo dei quali, Zius-udra, era anche il protagonista del Diluvio.

Lo studioso Julius Oppert (in uno studio intitolato *Die Daten der Genesis*) mostrò che le due cifre 1.656 e 432.000 condividono il fattore 72 (432.000 : 72 = 6.000 e 1.56 : 72 = 23) e si imbarcò poi in una serie di acrobazie matematiche per arrivare ad una fonte comune. Successivamente, l'esperto di mitologia Joseph Campbell (*Le maschere di dio: mitologia creativa*) notò, affascinato, che il numero 72 non è altro che il numero di anni che la Terra impiega, nella sua orbita, attorno al Sole, per spostare di 1° il passaggio processionale di una casa zodiacale.

Il passaggio completo è di 2.160 anni ciascuno (72 x 30° = 2.160). queste, e altre soluzioni ingegnose, però, non riconoscono l'errore di fondo nel paragonare 432.000 a 1.656, perché tutti i testi antichi vengono considerati semplicemente fonti di "miti".

Se le annotazioni dei testi antichi venissero invece considerate alla stregua di dati affidabili, si noterebbe allora che il lavoratore primitivo (*l'Adamo*) era stato creato 288.000 anni terrestri prima del Diluvio...

Come abbiamo visto, i testi biblici hanno preso molti "spunti" dalle fonti sumere.

Il patrimonio genetico di Dio

Il tema affrontante il discorso che l'Adàm *abbia ricevuto il patrimonio genetico di Dio*, ha dovuto sopportare e sopporta ancora oggi molti dibattiti ed abusi intellettuali; da esso infatti ne sono scaturite varie ipotesi *(ipotesi assurde e meno assurde, ma tutte ugualmente assurde)* e comunque approvate e credute dalla massa. Queste ipotesi che gli studiosi fanno passare per *"probabili verità"* annullerebbero l'essenza del Dio trascendente biblico che ogni credente conosce *(o crede di conoscere)*, sostenendo che il dio della Bibbia non corrisponde al Dio che "noi" crediamo facendolo passare per un *individuo* per niente eterno, ma bensì mortale o meglio, longevo negli anni ma che incontrerà la morte fisica. Gli studiosi dicono *"...non siamo noi a sostenerlo, ma sono i Sumeri a dirlo attraverso i documenti che ci sono rinvenuti e che si ricollegano automaticamente anche alle affermazioni degli antichi codici della Bibbia, all'Antico Testamento"*.
Da queste cose se ne trae fuori che Dio non sarebbe l'unico dio esistente ma che ne esistono o ne siano esistiti altri contemporanei a "Lui" e che tutta questa gerarchia *"celeste"* sia in realtà una gerarchia aliena proveniente da un "vicinissimo" pianeta del nostro sistema solare non ancora trovato dai nostri telescopi. Il pianeta in questione viene chiamato Nibiru dai Sumeri ed è il più lontano dopo Plutone.
Alla luce del tema già affrontato sul DNA dell'Adàm e in base alle affermazioni scientifiche degli studiosi che abbiamo citato nel primo capitolo di questo libro, nel 2001 il *dottor Steven Scherer Direttore del Progetto di Mappatura Genetica Umana del Baylor College of Medicine's Human Genome Center di Houston*, ha affermato che nel genoma umano ci sono almeno duecento *geni* che appaiono

estranei all'insieme del patrimonio che unisce gli uomini agli altri vertebrati. Questi *geni* non apparterrebbero nemmeno agli invertebrati e sono quindi stati *"acquisiti successivamente nella scala evolutiva in modo del tutto **inspiegabile**"* - dice Scherer. Come una sorta di *"balzo evolutivo"* che ha suscitato l'ancora discusso *"anello mancante"* della presunta evoluzione da scimmia a uomo.

In parole povere, l'essere umano possiede delle caratteristiche genetiche "diverse" e/o "estranee" rispetto a tutti gli altri esseri viventi quali sono vertebrati e invertebrati in maniera del tutto "inspiegabile".

Le Scritture affermano che l'uomo è stato creato a *Immagine* e a *Somiglianza* di Dio.
I termini corrispondenti a questo passo che troviamo nel Testo in lingua ebraica sono:

בְּצַלְמֵנוּ   = Betsalmenu   *Immagine*

כִּדְמוּתֵנוּ   = Kidmutenu[74] *Somiglianza*

ed essi, biblicamente parlando, non fanno alcun riferimento ad una immagine e somiglianza antropomorfa. La scienza invece dice tutt'altro.

Il termine [be**tsalme**nu] contiene la radice ebraica צלם vocalizzata **Tselém,** e secondo il Dizionario di Ebraico e Aramaico biblici *"Brown-Driver-Briggs Hebrew and English Lexicon"* significa *"un quid di materiale tagliato fuori da..."*

---

[74] La radice [sangue] דם contenuta nella parola Kidmutenu, fa ricordare il tema già esposto nel paragrafo che il lettore è invitato a rileggere per un ulteriore chiarezza.

ovvero *"cut off"* - tagliare via - *"something cut out"* - qualcosa di tagliato fuori.

In egual modo fanno corrispondere a tale significato anche le testimonianze dei Sumeri, *come a darne una conferma dicono gli scienziati,* riguardo alla creazione del genere umano per mano degli Annunaki *(gli Elohiym Sumeri - "Coloro che sono venuti dall'alto")* e di questo ne ha ampliamente parlato lo studioso Zecharia Sitchin, il più rinomato Sumerologo mai esistito, tra l'altro anche autore di un testo al riguardo.

Un altro dei più importanti dizionari analitici[75] di Ebraico e Aramaico biblici illustra che la radice *Tselèm* ha molteplici significati tra cui: *"delineare, ombra, illusione, immagine, somiglianza, idolo, oscurità"* ma di "tagliato fuori" non se ne fa alcun accenno. *[?]*

A quale credere dei due?

Facendo finta che Tselém *significhi davvero "qualcosa di tagliato fuori da..."* possiamo associare comunque questa teoria/interpretazione del termine a pro delle Scritture in quanto questo Tselém non sarebbe altro che quel *"quid di materiale"* o *"elemento"* con la quale sono fatti gli Elohiym e che una volta *tagliato fuori* da se stessi lo hanno dato all'uomo affinché potesse essere *diverso* dagli altri animali.

Sono in molti a sostenere che lo Tselém sia il *"DNA"* di Dio per mezzo della quale e attraverso un presunto intervento di *ingegneria genetica* l'uomo è stato creato.

Tale affermazione non è proprio sbagliata, anzi è una teoria che personalmente appoggio poiché andando a rileggere i versetti della creazione dell'Adàm notiamo chiaramente tre chiavi di lettura altamente medico-scientifiche:

---

[75] Si veda la Bibliografia

I. Nei primi 6 giorni viene narrata tutta la prassi della creazione e nel quinto e sesto giorno gli Elohiym pongono una netta differenza tra materia, anima e un *terzo elemento*. In primo luogo viene creata la vegetazione *(materia)*, successivamente vengono creati gli animali *(materia + nefesh = anima)* ed in fine viene creato l'uomo *(materia + anima + Tselém)*.

II. Successivamente si legge che Elohiym fece cadere in un *profondo sonno* l'Adàm e procedere poi con *"l'estrazione"* della sua *metà genetica* per generare la donna. Il profondo sonno è chiaramente un'*anestesia generale* e se Dio ha proceduto il suo intervento sull'uomo in questo modo evidentemente tale l'intervento sarebbe stato parecchio doloroso se fatto da sveglio.

III. La terza chiave, che si ricollega alla chiave precedente al *punto II*, l'abbiamo già discussa due capitoli fa.

Detto questo, credo sia inevitabile porsi le seguenti domande:
- *Cosa sarebbero questi presunti "geni" che l'Adàm avrebbe ereditato in maniera inspiegabile e che lo rendono diverso dagli altri animali vertebrati e non?*
- *Perché non si è ancora trovata una risposta o giustificazione ad un processo evolutivo inesistente che sarebbe in grado di spiegare tale realtà?*
- *Perché l'uomo ha in più lo Tselém rispetto agli animali?*
- *Cos'è lo Tselém?*

Nella Genesi si legge che Elohiym, dopo aver plasmato l'uomo dalla terra, vi soffiò nelle narici un *alito vitale*.

Questo *alito* potrebbe trattarsi proprio del misterioso *"gene"*, lo Tselem che gli Elohiym hanno tagliato fuori da se stessi, quell'elemento che fa parte di Dio e che Dio ha dato in più all'uomo rispetto a tutte le altre creature viventi.

Questo è un chiaro *segno e una conferma* inconfutabile che l'uomo e i suoi *geni* non derivano da un processo evolutivo come sostiene oltre a Scherer anche Charles Darwin, ma è una creatura completamente differente dagli animali. Né scimmia, ne primato.

Quando Dio compie ogni singolo giorno della creazione le Scritture specificano che *"Dio vide le cose che aveva fatte, ed erano buone"*, ma quando Dio osservò e giudicò la creazione dell'Adàm affermò che era *"molto buono" (Tov mehod)*, quindi maggiormente gradita.

Lo Tselém e la longevità dell'Adàm?

Il lettore avrà certo notato che le affermazioni date in questo testo non sono frutto di concezioni mentali e fantasie dell'autore, ma il frutto di studi fatti alla luce delle Scritture e di altri testi citati nella Bibliografia.
Ognuno di noi avrà letto sicuramente in Genesi al capitolo 4 e 5 l'elenco di una lunga genealogia che l'autore del libro ha scritto.
Dal capitolo 4:26 al capitolo 5:32 di Genesi si leggono i nomi della genealogia del primo Adàm fino a Noè e non nascondo che quando lessi per la prima volta questo elenco trovai tale lettura molto noiosa e solo successivamente strana e poi interessante.
Perché strana? Strana perché ritenevo impossibile che un uomo potesse vivere per tantissimi anni, fino a raggiungere quasi i 1000 anni di età.
Al giorno d'oggi un essere umano inizia ad avere i primi acciacchi della vecchiaia a partire dai 60 anni in su, e a volte anche prima, figuriamoci in che stato fisico e salutare si sarebbero potuti trovare personaggi come Chenok (Enos)[76] oppure Metushalach (Matusalemme)[77] di cui quest'ultimo risulterebbe essere l'essere umano in terra più longevo di tutti i tempi.
I personaggi di cui non a caso parleremo, sono Noè e suo nonno Metushalach. Però, prima di trattare l'argomento vorrei elencare alcune domande che lo precedono, scaturite dai miei studi e alle quali cercherò adesso di darne delle *"possibili"* risposte:

---

[76] Morì a 905 anni
[77] Morì a 969 anni

- *Perché l'essere umano, a partire dal primo Adàm fino a Noè, aveva una vita così longeva tanto da raggiungere quasi i 1000 anni di età?*
- *Cosa vuole dire Yavèh quando afferma al cap. 6 verso 3 che "lo Spirito mio non contenderà per sempre con l'uomo poiché, nel suo traviamento, egli non è che carne; i suoi giorni dureranno quindi centoventi anni"?*
- *Per quale motivo Yavèh decise di ridurre la vita agli uomini?*
- *In che modo lo fece?*
- *Perché Noè fu definito uomo giusto ed "integro" tanto da trovare grazia agli occhi di Dio?*
- *Chi erano i "figli di Dio" che si unirono alle figlie degli Adàm?*
- *Chi erano i Giganti?*
- *Quanta verità c'è oggi in relazione alle risposte delle domande precedenti e in relazione ad uno dei comandamenti del Patto?*

I.   Come abbiamo già detto, i patriarchi vissuti da Adamo fino a Noè hanno percorso una lunghissima vita sulla terra.
Questa longevità ha permesso loro di popolare ulteriormente il pianeta generando *figli e figlie*. Inizialmente all'uomo era stato affidato tutto il creato, il dominio su tutti gli animali esistenti e di prendersene cura.

Possiamo immaginare che l'Adàm era stato creato come essere immortale o comunque soggetto da un lentissimo processo di invecchiamento perché poi, sta scritto, *muore*.

Le Scritture narrano che i diversi patriarchi *dell'elenco* hanno generato figli e figlie alla modica età di 200, 300, 400 o 500 anni. Oggi sarebbe impossibile.

Tra i motivi e le condizioni spiegabili che oggi potrebbero permettere una vita che supera i 100 anni di età possono essere:

    a.   **Una sana alimentazione** *(solamente frutti degli alberi, degli arbusti e le verdure dei campi)*[78].

All'uomo non era ancora permesso di cibarsi degli animali, se non di prendersene cura, ma solo dopo lo sbarco di Noè e famiglia sull'Ararat[79];

    b.   **La completa assenza di inquinamento.**

L'aria pura non si riversava sulle piogge trasformandole in piogge acide e manteneva quindi tutta la terra vivibile, il clima mite e stabile, la vegetazione e le acque dolci dei fiumi e dei laghi fresche ed incontaminate;

Da un punto di vista biblico, in aggiunta ai due punti precedenti, invece possiamo sostenere che non vi era ancora tutta la corruzione, perversione, malvagità, disobbedienza e *"peccato"* che sussistono oggi e di conseguenza Dio permetteva tale longevità come "premio" di condotta;

    II.   *Questa risposta darà luce a più domande.*

La decisione di Dio sul ridurre la vita agli uomini è stata presa dal fatto che, appunto, l'umanità iniziò a cadere in corruzione, a peccare insomma, e per *punizione/maledizione* gli venne ridotta l'età media a centoventi anni.

In questo modo il processo di invecchiamento si è ulteriormente velocizzato e l'uomo iniziò a morire molto *"giovane"* rispetto agli anni che percorreva prima.

---

[78] Genesi 2:16; 6:21

[79] Genesi 9:3

Si è calcolato quindi che ogni 100 anni di vita dei patriarchi biblici corrispondevano agli attuali 10 anni di vita di un essere umano, quindi a un secolo di vita si era ancora nel fior fiore della *"gioventù"*. *Quelli erano gli "anni degli déi"*.

Riguardo alla citazione *"lo Spirito mio non contenderà per sempre sull'uomo"* possiamo dire che quel patrimonio genetico chiamato Tselém o *"Spirito"* in questo caso, non venne più concesso privando l'uomo della lunga vita della quale disponeva.

Dio privò l'Adàm del suo "Spirito" tale da non permetterne più la longevità, infatti viene chiaramente descritto che Dio inflisse solo questo "flagello" se così vogliamo chiamarlo e non si fa menzione di altro genere di punizione, *per adesso*. Leggendo il testo biblico notiamo anche che tale punizione non venne inflitta in maniera istantanea ma in maniera progressiva infatti i discendenti di Shem, Cham e Yafet - *figli di Noè* - iniziarono a morire man mano ad un'età sembra più bassa: 400, 300, 200 e così via...

In fine, dopo il completamento della punizione avvenuta in maniera progressiva, l'uomo ebbe la stessa vita media di un uomo ai giorni nostri, 70/100 anni. Sono ormai rari i casi in cui un uomo oggi riesca a vivere oltre 100 anni, infatti l'uomo più anziano attualmente in vita, nell'anno corrente 2013, ha 111 anni e la donna più anziana ne ha 110;

 III. *Cosa significa **"Noè fu integro"**?*

L'integrità di Noè a cui fa riferimento la Bibbia non si riferisce tanto al senso etico della sua umiltà e bontà ma alla sua integrità fisica in quanto ultimo Adàm ad avere ancora quello "Spirito", quello Tselém divino o *privilegio della lunga vita* prima che fosse tolta alle generazioni future.

L'unico essere vivente *"puro"* tra gli *"impuri"* nati, probabilmente, dalla commistione sessuale fra *"figli di Dio e figlie degli umani"*.

Il libro apocrifo antico testamentario del patriarca *Enoch* e alcune testimonianze rinvenute tramite i rotoli del Mar Morto narrano che alla sua nascita Noè aveva delle caratteristiche fisiche non appartenenti alla sua razza nativa, ovvero il colore della pelle e dei capelli non erano tipici di quella famiglia, compresi il colore degli occhi. Ebbe la pelle candida e rosea, i capelli bianchi e il colore degli occhi così bello che emanavano talmente luce da illuminare tutto l'ambiente.

Possiamo dedurre che Noè nacque probabilmente albino o con fattezze simili, caucasiche o molto occidentali. Laméc, alla vista di questo suo figlio per niente ad *immagine e somiglianza* sua fuggì disperato verso suo padre Metushalach e il nonno Chenok (Enoc) per avere spiegazioni; ebbe i sospetti che il bimbo non fosse figlio suo ma figlio dei *"figli degli Elohiym"* in quanto ne possedeva le caratteristiche fisionomiche ed estetiche.

Questo era il periodo in cui i figli degli Elohiym avevano rapporti sessuali con le Adàm donne e a motivo di ciò Yavèh decise di porre fine a tutto questo disordine decidendo di infliggere un'ennesima maledizione, l'annientamento della razza umana.[80]

Ma procediamo per ordine.

Chiusa questa parentesi e riaperta quella di Noè, quando Laméc andò da suo padre e da suo nonno per avere maggiori chiarimenti circa l'aspetto del figlio Noè, il nonno Enoch *(che risiedeva nella casa o accampamento degli Elohiym)* lo

---

[80] Il lettore è invitato a ricordare le testimonianze dei Sumeri sugli ANNUNAKI e i loro figli.

tranquillizzò dicendogli che Noè fosse suo figlio e non *"figlio degli Elohiym"*.

In merito ai *"figli degli déi"* gli studiosi danno libero sfogo alla loro immaginazione e non solo loro perché si può notare una certa attinenza alla cultura ellenistica (cultura greco-romana) in quanto gli "Dei dell'Olimpo" potevano avere rapporti sessuali con gli umani dalle quali ne sarebbero nati i *"Semi-déi"* o *"Mezzosangue"*. È proprio tra questa unione ibrida fra un dio e una creatura che ne sarebbero nati gli *"uomini potenti e famosi"* di cui anche il testo biblico ne fa un chiarissimo riferimento senza nemmeno intercorrere ad alcuna traduzione letterale del testo ebraico. Ne riparleremo tra poco.

IV.   *Leggendo Esodo 20:12 e Deuteronomio 5:16 l'Elohiym di Israele, cioè Yavèh, lascia ancora una speranza per avere una lunga vita.*

I passi citati si riferiscono al comandamento *"onora tuo padre e tua madre"* e i versi continuano ancora dicendo *"affinché i tuoi giorni siano prolungati sulla Terra che Yavèh, il tuo Elohiym, ti dà"*.

Quindi è forse stata una speranza per gli uomini passati e anche per noi uomini che viviamo nel XXI secolo quella di aver concessi più giorni di vita a condizione di onorare i propri genitori?

Certo, è semplice onorare i propri genitori - *direbbe lo stolto* - mentre in realtà è un compito molto difficile, fosse semplice.

Il fatto è che oggi l'umanità fa poco caso a questo piccolo e allo stesso tempo immenso dettaglio che le Scritture ci espongono. Addirittura viene *"predicato"* il *"Vangelo alternativo"* dell'onorare i propri genitori *"solo quando hanno ragione"*, mentre la Bibbia non fa un'affermazione simile.

Facendo un salto di qualche millennio più avanti, al capitolo 19 di Matteo ai versetti dal 16 al 26 leggiamo la vicenda del *giovane ricco*.
Non trascrivo qui tutto il paragrafo per non appesantire ulteriormente la lettura di questo testo, ma leggendo possiamo vedere che questo giovane ricco chiede a Gesù istruzioni sul come ricevere la vita eterna e Gesù, come solito fare, ha dato una risposta ben chiara e concisa.

I Giganti e gli Uomini Forti

Il Testo ci dice che al tempo in cui i *"figli degli Elohiym insieme alle figlie degli uomini"* ebbero dei figli, c'erano i [Nephilìm] נְפִלִים, che le nostre bibbie traducono con "Giganti". *La nostra traduzione adotta la frase generica di "figli di Dio"*.
Il Testo che andremo a leggere tra poco ci dice che il frutto di questi incroci semi-déi furono i [Ghibborìm] גִבֹּרִים ovvero i *"forti, potenti"*.
A tal proposito e ad una prima lettura superficiale, il Testo mette un po' di confusione in quanto non si comprende se effettivamente i *giganti* [Nephilìm] e i *potenti* [Ghibborìm] fossero individui diversi o gli stessi.
Per avere una maggior chiarezza trascrivo di seguito ciò che le nostre traduzioni ci espongono:
Gen. 6:1-2,4
[1]*Quando gli uomini cominciarono a moltiplicarsi sulla faccia della Terra e furono nate delle figlie,*
[2]*avvenne che i figli degli Elohiym videro che le figlie degli uomini erano belle e presero per mogli quelle che si scelsero fra tutte.*
[4]*In quel tempo c'erano sulla Terra i Nephilìm, e ci furono anche in seguito, quando i figli degli Elohiym si unirono alle figlie degli uomini, ed ebbero da loro dei figli. Questi sono gli uomini Ghibborìm che, fin dai tempi antichi, sono stati famosi.*
Nei vv. 2 e 4 vengono scritte due affermazioni molto simili attraverso le quali ne scaturiscono i nostri dubbi:

²*[...] i figli degli Elohiym videro che le figlie degli uomini erano belle e le presero per mogli... [...]*
⁴*[...] quando i figli degli Elohiym si unirono alle figlie degli uomini ebbero da loro dei figli... [...] ...che, fin dai tempi antichi, sono stati famosi.*

Viene specificato *"in quel tempo"* e *"in seguito"*, quindi sembra difficile collocare le nascite di questi incroci in tempi ancor più antichi. Cosa significa?
Questo passaggio sembra quasi un anagramma da scomporre e ricomporre.
Facendo un semplice esperimento che non implica ad una verità assoluta, proviamo a rileggere i versetti anagrammando il Testo, traducendolo direttamente dal Testo ebraico:
¹*Quando gli uomini cominciarono a moltiplicarsi sulla faccia della Terra e furono nate delle figlie,*
⁴*i figli degli Elohiym si unirono alle figlie degli uomini, ed ebbero da loro dei figli. I Nephilìm erano sulla Terra in quei giorni e anche dopo. Questi sono gli uomini potenti che, fin dai tempi antichi, sono stati famosi.*
Attraverso questa nostra analisi alternativa, il Testo mette in evidenza che i giganti erano presenti sia durante che dopo gli avvenuti incroci. Ma specifica anche che tali giganti erano uomini potenti e famosi fin dai tempi ancora più antichi di quando nacquero questi incroci.

- *Com'è possibile che esistessero già dai tempi più antichi se ancora dovevano nascere?*

Il termine "giganti" contiene la radice verbale [Naphal] נפל che a differenza del significato di Nephilim indica *"cadere, scendere in basso, venire giù"* e poiché [Nephilìm] è il plurale di [Naphal] possiamo chiaramente dire che il termine "giganti" non è appropriato se non *"Coloro che sono discesi"*.

Laddove la Bibbia afferma *"in quel tempo c'erano sulla Terra i **giganti** [...]"* sarebbe più opportuno tradurre nei seguenti modi:

a. in quel tempo c'erano sulla Terra quelli *che erano venuti giù*
b. in quel tempo c'erano sulla Terra quelli *che erano discesi*

SCESI DA DOVE?
Analizzando con attenzione queste ipotesi capiamo che i [Nephilim[81]] erano *"scesi"* o *"venuti giù"* provenienti da qualche parte perché *"in quei tempi"* erano già sulla Terra.

L'atto dello *"scendere"* o *"venire giù"* implica una consapevole volontà da parte loro per raggiungere un determinato luogo qual è la Terra.
Un altro significato che assume la radice verbale [Naphal] נפל è *"cadere"*. Insomma, in entrambi i significati si vuol far capire che tali individui sono venuti da una parte *alta* andando a finire verso una parte *bassa*.

Al contrario di *"venire giù"*, l'atto del *cadere* implica una assenza di volontà perché non si può decidere di *"cadere"* se non si è spinti bruscamente da qualcuno, non si inciampi da qualche parte o si precipiti da una certa altezza.

---

[81] "Giganti" per i greci, "Guardiani" per i sumeri, "Vigilanti" per gli egizi, "Caduti" o "Coloro che sono scesi" per la Bibbia.

Facendo un breve riepilogo della situazione, dalle nostre indagini abbiamo capito che:
- *Né i Nephilim né i Ghibborìm erano il frutto degli incroci tra i figli di Dio^{82} e le figlie degli uomini in quanto erano già presenti, i primi quando nacquero gli incroci, e i secondi fin dai tempi antichi;*
- *I Nephilim sono "scesi" o "caduti", da dove non si capisce ancora;*
- *I Nephilim vengono definiti dalla Bibbia ebraica "caduti".*

Andando a leggere nel libro di Giuda, costituito da un solo capitolo, al versetto 6 scopriamo una chiave di lettura molto curiosa.

L'autore del Testo ci dice che *"nel gran giorno del giudizio, gli angeli che non hanno conservato la loro dignità^{83} e che hanno abbandonato la loro dimora, saranno custoditi e incatenati nelle tenebre più profonde"* o *"nella caligine delle tenebre"*.

- *A quali "angeli" si riferisce Giuda?*
- *Quale "dimora" hanno abbandonato?*
- *Abbandonata questa loro dimora, dove si sono diretti?*

---

82 **Il lettore non fraintenda.** L'uso della frase *"figli di Dio"* intesa come *"credenti"* assume questo significato nel NT, mentre nell'AT non assume affatto questo significato. Per "figli di Dio" ci si riferisce letteralmente agli angeli poiché anch'esse creature dell'Iddio Altissimo.
Quindi, una delle interpretazioni errate più comuni è che *"i figli di Dio, ovvero i credenti maschi, videro che le figlie degli uomini, ovvero le non credenti, le empie, erano molto belle e quindi decisero di formare coppie tra individui "convertiti" ed "inconvertiti""*. **Non è assolutamente così.**

83 Gli angeli che si lasciarono trascinare dall'empietà della fornicazione.

Per certo sappiamo che la dimora degli angeli è il Regno dei Cieli, dove risiede Dio, e quelle creature celesti che *"abbandonarono"* la loro dimora potrebbero essere proprio quelli descritti in chiave simbolica in Apocalisse 12:3-4 *"la coda del Dragone trascinava la terza parte delle stelle del cielo e le scagliò sulla Terra..."*.
Ricollegandoci al libro di Giuda arriviamo alla conclusione che questi *angeli indegni* furono le metaforiche *stelle* stanti nella *dimora* dei cieli e *scagliati* sulla Terra.

Ritornando invece alla nostra radice verbale [Naphal] נפל cioè *"cadere"* da cui ne deriva [Nephilìm], possiamo dire che il termine Nephilim tradotto con "giganti" potrebbe significare anche *"giganti caduti"*.

Abbiamo letto in Giuda però, che tali creature angeliche *abbandonarono* la loro dimora. Hanno avuto la piena consapevolezza di sottrarsi al volere dell'Iddio Onnipotente, la consapevolezza di *voler abbandonare* la gloria di cui erano rivestiti, con la conseguente *"caduta"* o *"cacciata"* dagli alti luoghi celesti e *trascinati* in basso dal loro rappresentante per eccellenza il Dragone, *Satana*.

Considerando attraverso la precedente analisi che i Giganti erano presenti anche nei tempi antichi, potremmo dire che sia i Nephilim che i Ghibborim fossero gli stessi individui.

Questi individui erano dei Nephilim, quindi giganti, e data la loro possente stazza erano anche dei Ghibborim, potenti.
Sembrano rappresentare dunque gli angeli "caduti" sulla Terra e presenti su tale pianeta fin dai tempi antichi.

Sorge una domanda:

- *Ma allora, chi furono i figli nati tra i "figli degli Elohiym e le figlie degli uomini" se i Nephilìm e Ghibborim erano gli stessi individui?*

Una nota curiosa ci fa notare che i Sumeri chiamavano i loro ANNUNAKI *"Coloro che dal cielo scesero sulla Terra"* e in maniera perfettamente analoga anche i Nephilìm erano *"Coloro che dal cielo scesero sulla Terra"*.

- *Sia i Sumeri che la Bibbia ci parlano degli stessi individui?*

Ci tengo a precisare che lo studio affrontato è stato il frutto di un "esperimento" letterale. Il lettore è quindi invitato a ritornare "in carreggiata", ovvero alle traduzioni comuni in cui si afferma che il frutto di questi incroci erano i GHIBBORÌM, gli uomini potenti e famosi **fin dai tempi antichi.**

Il serpente antico

Chi è che non conosce la famosissima vicenda dell'inganno in cui fu vittima Eva?
Questo raffronto tra *uomo* e *animale* è stato interpretato nelle sue più svariate sfaccettature. Tale racconto biblico ha per sino ispirato tantissimi artisti dell'arte figurativa tra cui scultori e pittori, tutti di epoche diverse.
Eva, una donna ancora ingenua e completamente sprovvista di malizia, si lascia ingannare da un "animale parlante" qual è il *serpente*.
In base a quello che la **tradizione** ci ha insegnato, il *serpente parlante*, prima di strisciare sul suo ventre, sarebbe stata una creatura con gambe e braccia e successivamente al *"peccato"* le avrebbe perse.
Alcune tradizioni raffigurano questa creatura come il diavolo incarnato nel serpente, servendosi della sua bocca per parlare.

> *Le Scritture ci menzionano un altro caso di "animale parlante" e cioè la vicenda sull'asina di Balaam, vicenda che il lettore potrà consultare in Numeri 22:22-35.*
> *Se oggi dovessimo prendere in considerazione la possibile esistenza di creature parlanti, la prima cosa a cui facciamo riferimento sono alcune razze di Pappagalli e di Merli.*

C'è chi pensa che tale creatura fosse uno strano rettile alato poiché la tradizione ci insegna che il diavolo era un angelo del Paradiso[84] al cui serpente ne fece assumere alcune delle sue caratteristiche.

---

[84] Parleremo ampiamente più avanti sull'origine del nome "Satana" e sulla sua identità.

Nel capitolo *"Creazione o Evoluzione"* abbiamo esposto il tema sull'Archaeopteryx, il presunto *rettile alato* preistorico.
Questo animale presenta tutte le caratteristiche che la tradizione sul *"rettile alato parlante"* vuole insegnare essere il Diavolo.
Ma leggendo il proseguo di questo studio avremo maggiore chiarezza a tal proposito.

- *La creatura che tentò Eva fu davvero un serpente?*
- *Se non si tratta di un serpente, chi o cosa tentò Eva?*
- *Sono corrette le tradizioni bibliche in merito a questo caso?*

C'è da sapere che le traduzioni non sono proprio conformi al testo biblico in lingua originale.

La parola ebraica tradotta con *"serpente"* in Genesi 3 è נָחָשׁ
- vocalizzata in Nachash [NCHSH]
In ebraico Nachash ha molteplici significati:
- serpente, coccodrillo;
- divinazione, incantesimo, magia;
- nome proprio di persona[85], titolo del re degli Ammoniti[86] e nome di località[87];
- rame, bronzo *(di cui "Nechushtàn = serpente di rame)*;
- catena[88], ceppi, schiavitù; denaro[89];
- Nachash *(inteso anche come essere angelico, Serafino)*.

In base al contesto di Genesi 3 la traduzione *"serpente"* è fuori luogo, infatti si tratta proprio di una figura angelica:

1. **Non era un serpente:**
   - i serpenti erano già stati creati ed erano già striscianti[90] mentre in **Genesi 3:14** questo essere vivente non striscia, ma è in posizione eretta;
   - parlava: i serpenti non hanno organi fonatori ed Eva non trova strano che questo essere parli;
   - se fosse stato un serpente non avrebbe avuto alcuna influenza su Eva perché le era nettamente inferiore *(**Genesi 1:28** dice che Dio conferì all'essere umano il pieno dominio su tutti gli animali della terra)*;

---

[85] 2 Samuele 17:25, 27
[86] 1 Samuele 11:1-11; 2 Samuele 10:2
[87] 1 Cronache 4:12
[88] Lamentazioni 3:7
[89] Ezechiele 16:36
[90] Genesi 1:26

2. **Era un essere angelico:**
   - parlava con una certa influenza sull'uomo;
   - sembra pretendere di avere una conoscenza superiore a quella dell'uomo *("...ma come, Dio vi ha detto questo? Non è vero!...")*;
   - era il Diavolo[91];
   - può essere visto, esteriormente, come un *"angelo di luce"*[92];
   - non è l'unico caso in cui il nome di un essere angelico indica il serpente; "SARAF" in **Numeri 21** significa "serpente" e in Isaia 6 significa "Serafino" *(essere angelico)*. Da notare che il Nuovo Testamento considera Nachash e Saraf come sinonimi: in **2 Corinzi 11:3** il termine greco "Ofis" si riferisce a Nachash *(Genesi 3:1)* e in **Giovanni 3:14** il termine greco "Ofis" si riferisce a Saraf *(Numeri 21:8)* considerandoli sinonimi anche la traduzione biblica dei Settanta (LXX - Septuaginta);
   - Nachash significa anche esercitare la divinazione, la magia e ha un senso di fascino, di incanto... di seduzione;
   - un essere angelico all'inizio di **Genesi 3** è in corrispondenza strutturale con gli esseri angelici alla fine dello stesso capitolo (i Cherubini).

3. "Serpente" è una metafora in Apocalisse e in **2 Corinzi 11:3** *(come in Matteo 23:33 "serpenti, razza di vipere"* ai

---

[91] Apocalisse 20:2; notare che Genesi 3 e Apocalisse 20 sono il terzo e il terzultimo capitolo della Bibbia

[92] Notare nella struttura di 2 Corinzi 11:1-15 la corrispondenza tra *"il serpente che sedusse Eva"* al versetto 3 e *"Satana che si traveste da angelo di luce"* al versetto 14

Farisei) ma prima di **Genesi 3:14** va senz'altro tradotto traslitterato: Nachash *(inteso come Cherubini e Serafini)*.

4. In Apocalisse ci sono due chiare metafore[93] (non simboli!):
   a. Serpente = Diavolo
   b. Agnello = Cristo

5. **Nell'originale:**
   - **Genesi 3:1** non dice affatto che questo Nachash *"era il più astuto di tutti gli animali dei campi"* (come abbiamo nelle nostre traduzioni), ma dice in realtà che *"era più sapiente di tutte le creature viventi che l'Eterno Dio aveva fatto"*;
   - **Genesi 3:14** non dice affatto *"animali dei campi"*, ma dice in realtà *"viventi del creato"*.

6. *"Camminerai sul tuo ventre e mangerai polvere tutti i giorni della tua vita"* è una figura retorica[94], da non prendere alla lettera *(allo stesso modo come "lei ti schiaccerà il capo e tu le ferirai il calcagno")* per evidenziare la sorte di Principe del Male alla quale Dio lo aveva destinato a causa del peccato. Se aveva le ali, come i Cherubini e i Serafini, viene evidenziata la sua umiliazione, da una posizione importante nell'alto dei

---

[93] (Notare: la "metafora" enfatizza la verità e conferma un fatto nel suo senso letterale; il "simbolo" diminuisce la verità e nega un fatto con un trasferimento di significato).

[94] Altri esempi simili di figure retoriche:
- Salmo 44:25 *"poiché l'anima nostra è abbattuta nella polvere; il nostro corpo giace per terra"*;
- Salmo 72:9 *"i suoi nemici leccheranno la polvere"*;
- Galati 5:15 *"vi divorerete gli uni gli altri"*;
- Proverbi 20:17 *"la bocca piena di ghiaia"*.

Cieli alla posizione inferiore della terra polverosa. Dopo questa umiliazione, il nome passa ad indicare il serpente e non è vero.

La traduzione fa pensare che il Nachash fosse in origine un animale in posizione eretta diventando successivamente un rettile: ma non è così perché, come si è detto, i rettili che strisciavano erano stati già creati.

7. La traduzione "serpente" *(come "costola")* mostra la forza della tradizione umana che tenta di deviare il vero senso delle Scritture.

Prendiamo in considerazione la "mela" che mangiarono l'uomo e la donna! Nelle Scritture c'è forse scritto che il "frutto proibito" mangiato da Adamo ed Eva fosse una mela? No, c'è chi sostiene fosse un fico dato che di foglie di fico si coprirono dalla loro nudità, ma nemmeno questo è espressamente specificato.

M'illumino d'immenso

Sarà capitato sicuramente ad ognuno di noi di osservare il cielo fin dalle sue prime ore del mattino. Si riesce a scorgere la Luna, molto pallida e sbiadita, tanto da percepire col tatto lo strato di atmosfera che ci separa da essa. Ma oltre la Luna, un altro puntino luminoso incuriosisce l'occhio di noi osservatori, un lume rimasto ancora acceso, dopo tutta la notte trascorsa ad osservare i nostri passi e a "vegliare" sul nostro sonno.
A causa dell'inquinamento atmosferico, ad occhio nudo non possiamo ammirare in tutta la sua magnificenza la totale bellezza dei cieli e cosa contengono, ma grazie a sofisticatissimi strumenti abbiamo l'opportunità di scavalcare questa barriera tossica, scorgendo così le distanze più remote che ci è possibile raggiungere.
Oggi vediamo questo piccolo lume celeste come il più grande fra gli astri visibili ad occhio nudo - *dopo il Sole e la Luna ovviamente*.
Sono sicuro che fin dall'antichità, lontana di almeno 6.000 anni o di più, le distese dei cieli erano visibili ad occhio nudo in tutto il loro splendore, di notte in modo particolare.
Questo piccolo puntino fin da quei tempi brilla ancora e, nonostante la presenza della *"pattumiera aeriforme"* che respiriamo, essa continua a brillare insistentemente.
Anticamente definito *"astro mattutino"*, perché unica stella visibile alla luce crepuscolare del giorno. Come se contribuisse ad augurare il *"buon giorno"* agli uomini e a tutto il creato.
Oggi sappiamo per certo che in realtà si tratta del pianeta Venere, molto vicino e simile alla Terra e che brilla per la *luce riflessa* dal Sole, non di luce propria.

6.000 anni fa nemmeno si sapeva cosa fosse un pianeta, o tantomeno non si sapeva ancora della loro esistenza, fatto sta che qualsiasi cosa brillasse in cielo oltre al Sole e la Luna, si trattava di astri luminosi, stelle.

Biblicamente, la traduzione *"astro mattutino"* appartiene al termine ebraico [*helèl*] הֵילֵל, e tale termine ricorre due volte in tutto l'Antico Testamento, dove in un primo versetto significa *astro mattutino*, e in un secondo caso significa un'altra cosa che tra poco illustreremo.

Il dizionario analitico di Ebraico e Aramaico biblici *Davidson* ci espone tre definizioni del termine *helèl*:

1. Sostantivo masc. sing. su radice הלל
2. Hiphil imp. sing. masc. su radice [Yalal] ילל
3. Idem sostantivo, ma alla 3ª pers. sing. masc. sempre su radice ילל

La radice [Yalal] ילל significa *urlare, gridare*.

In diversi passi le Scritture ci parlano di *"grida di gioia"* ma la radice Yalal vuole dirci tutto il contrario, *urlare con disperazione, urlare piangendo* in senso letterale.

Il versetto dove si parla di "astro mattutino" è **Isaia 14:12**, l'altro versetto che invece fa assumere a termine [*helèl*] un altro significato è **Zaccaria 11:2** dove viene tradotto con *"urla"* nel senso che abbiamo specificato prima ovvero *urla disperate, lamenti, gemiti, grida*.

- *Che attinenza possono avere le due traduzioni se letteralmente sono scritte in maniera identica?*

Leggendo le nostre traduzioni con molta attenzione possiamo notare che il contesto di entrambi i passi biblici effettivamente non è molto differente. Si rammenta al lettore di procedere la sua lettura da destra verso sinistra.

Isaia 14:12

הֵילֵל	מִשָּׁמַיִם	נָפַלְתָּ	אֵיךְ
helèl	shamàim-mi	nafalttà	èke
splendente	cieli-*i*-da	precipitato	*sei-mai*-come?

עַל־גּוֹיִם:	חוֹלֵשׁ	לָאָרֶץ	נִגְדַּעְתָּ	בֶּן־שָׁחַר
goìm-al	kolèsh	àrets-la	nigdattà	shakàr-ben
nazioni-*le*-su	vincente-*tu*	terra-*la*-su	scaraventato	alba-*della*-figlio

Zaccaria 11:2

אֲשֶׁר	אֶרֶז	כִּי־נָפַל	בְּרוֹשׁ	הֵילֵל
àsher	èrez	nafàl-ki	beròsh	helèl
che	Cedro-*il*	*è*-caduto-perché	Cipresso	*ti*-lamenta

בָּשָׁן	אַלּוֹנֵי	הֵילִילוּ	שֻׁדָּדוּ	אַדִּירִים
Vashàn	allonè	helilu	shuddàdu	addirìm
Vàsan	*di*-Querce	geméte	distrutti-*sono*	Maestosi

Soggetto sottinteso "GLI ALBERI"

[הַבָּצִיר:]	(הַבָּצוּר)	יַעַר	יָרַד	כִּי
[batsìr-ha]	(batsaur-ha)	yaàr	yàrad	ki
[inaccessibile-la]	(inviolabile-la)	foresta	*la*-abbattuta	*è*-poiché

La parola viene ripetuta due volte; si tratta di un **superlativo assoluto** atto ad enfatizzare l'assoluta invalicabilità della foresta.
lett. INACCESSIBILISSIMA
lett. INVIOLABILISSIMA

Nonostante helèl venga tradotto diversamente, questi due passi hanno una chiave di lettura molto importante, indicando che il soggetto sia **caduto**, **atterrato**, **abbattuto** oppure *precipitato*. Il verbo *cadere* in questione deriva dalla radice ebraica NAFAL - נָפַל .

Alla luce delle rivelazioni del Nuovo Testamento, che affronteremo tra poco, il termine *helèl* può essere identificato sia come *nome proprio* che come *verbo*; quindi, l'azione - verbo - che compie questo nome - *helèl* - è in stretta relazione al termine stesso: in poche parole si può far riferimento alla frase latina *nomen omen* ovvero *"di nome che di fatto"*.

Helèl, in versione verbale, vuole indicarci un **verbo attivo** - *un'azione in movimento* - e allo stesso tempo un **verbo causativo** - il movimento che *"causa"* o *"genera"* qualcosa:
- Per **verbo attivo** si intende quell'azione che compiamo in prima persona, per esempio: *io cucino;*
- Per **verbo causativo** si intende quel fine a cui è soggetta l'azione compiuta, per esempio: *io cucino (al fine di) per nutrirmi;*

Dato che il termine ebraico di "astro mattutino" rappresenterebbe anche un verbo, attraverso l'azione che esso compie noi possiamo vederlo.
Possiamo vederlo mediante la luce che questo "astro" emana - *azione* - e che ci permette di vederlo.
Poc'anzi ho fatto riferimento al Nuovo Testamento.
  Nel N.T. viene utilizzato un termine sinonimo che conferma l'azione compiuta da questo "astro"; tale termine in lingua greca è Φώσφορος "phosphòros", che oltre ad indicare *"stella"* o *"astro mattutino"* significa *"che porta luce"* o *"che dà luce"*.

Detto questo, abbiamo così un esempio chiaro di un nome - *luce* - e un fatto - *che dà luce* - in un unico termine[95].

הֵילֵל	Helèl	Nome masc. sing. imp. masc. sing.	הלל hiqtil	
			Verbo Attivo Causativo es. "nutrire"	A volte *"dichiarativo"*
			Il modo verbale hiqtil	
			Participio Attivo (presente) Azione in corso di svolgimento	ditsᵊddyq *"Dichiarò Giusto"*

Nel libro della Genesi scorgiamo un personaggio che tenta di far aprire gli occhi ad Eva, cercando di far suscitare in lei delle curiosità tanto da spingerla ad andare oltre il comandamento che Elohiym gli aveva imposto: *"di quel frutto non ne mangerete, altrimenti morirete"*.
Il serpente *(che sappiamo già non essere un serpente)* fece in modo di metterla in guardia da Dio e di mostrargli la "luce" attraverso un'evidenza illusoria - *"non morirete affatto, sarete come Dio"* - che li spingesse diritti nel sentiero delle tenebre - *"altrimenti morirete"*.
Nel **Salmo 119:105-106** troviamo scritto *"la tua parola è una lampada al mio piè, una luce sul mio sentiero"*, mentre il

---

[95] Un esempio lo abbiamo con l'aramaico יְשׁוּעַ "Yeshuah".
Il nome possiamo suddividerlo in *Ye* che è radice di Yavèh e *shuah* che sta per "salva". Quindi **Yavèh salva**. Nel nome di Gesù sta rivelato il piano stesso di Dio. *Atti 2:21; Romani 10:13*. Il nome Gesù era diffuso *(Atti 13:6)*, ma Dio lo scelse anche per il Figlio.

Nachash fece esattamente l'opposto, spianando con la sua pseudo luce i sentieri delle tenebre e far trasgredire *(anziché osservare)* i giusti precetti di Dio.

Ritornando al brano di **Isaia 14:12**, possiamo rileggere le parole del profeta in merito alla caduta dell'oppressore dei popoli[96] chiedendosi quale fosse il motivo per il quale fosse precipitato dai cieli, fino a ritrovarsi disteso su un letto di vermi.

Dalle "stelle" alle stalle, oggi diremmo.

Questo *h*elèl afferma al verso 14 *"sarò **simile** all'Altissimo"*, mentre nel versetto 10 leggiamo le parole che dissero coloro che furono cacciati insieme a lui: *"anche tu sei divenuto **simile** a noi?"*

I due versetti si contrappongono in quanto al v. 14 *h*elèl si innalza dichiarandosi simile all'Altissimo (Elyon) e al v. 10 *h*elèl si ritrova ad essere *"simile al bassissimo"*, nelle profondità delle tenebre.

Luca 14:11 è una prova tangibile dell'inconfutabilità delle Scritture *"poiché chiunque s'innalza sarà abbassato"* - come è successo con *h*elèl - "e chi abbassa sarà innalzato" - come avvenuto con Cristo[97].

Un testimone oculare della "caduta" di questo astro mattutino lo è stato, come rivela il N.T., Cristo stesso, in quanto ha dichiarato in **Luca 10:18** che:

"...vedevo Satana come folgore dal cielo cadente" o *"Vedevo Satana precipitare dal cielo come un fulmine"*.

---

[96] Si legga Isaia 14:6-15

[97] 2 Tessalonicesi 2:4

Ma com'è possibile che Cristo sia stato testimone oculare di questo avvenimento se fece la sua prima comparsa nel Nuovo Testamento?
La risposta a questa domanda la troviamo in **Giovanni 1:1-7**.
La persona di Cristo è Dio che si manifesta quando parla, perché per mezzo della Parola sono state create tutte le cose.

> *In principio era la Parola,*
> *la Parola era con Dio*
> *e la Parola era Dio.*

Tra gli Elohiym della Genesi c'era questa Parola, ma allo stesso tempo la Parola rappresenta la pura essenza degli Elohiym.
Da questi confronti è facile comprendere che questo astro mattutino caduto è il Diavolo.

Leggendo il capitolo di Isaia da un punto di vista storico-letterale, il profeta si riferisce al re di Babilonia Nabonedo, mentre in maniera simbolica *la tradizione* ne vuole identificare la figura del Diavolo.

Molti studiosi della Bibbia sono convinti che l'Antico Testamento non vuole riferirsi al "Satana che conosciamo" quando si incontra il termine ebraico a cui si pensa far riferimento, ma che esso sia solo il frutto di fantasie, mitologie, racconti e tradizioni antichissime extrabibliche. Per constatare se ciò è effettivamente vero ci soffermeremo su questo particolare tra poco.

La figura di questo figlio dell'aurora ce la descrive anche il profeta Ezechiele[98], come la creatura più bella, saggia, adornata di ricchezze splendenti e come possessore del sigillo della perfezione.
Tutto questo prima ancora che fosse cacciato via dal *"monte Santo di Dio"*.

COME ESPOSTO NEL PRECEDENTE STUDIO SULLA VERA IDENTITÀ DEL SERPENTE CHE INGANNÒ EVA, L'AFFERMAZIONE DI EZECHIELE CE LA CONFERMA PROPRIO LA TRADUZIONE CORRETTA DI GENESI 3:1, 14

Nell'originale:
- **Genesi 3:1** non dice affatto che questo Nachash *"era il più astuto di tutti gli animali dei campi"* (come abbiamo nelle nostre traduzioni), ma dice in realtà che *"era più sapiente di tutte le creature viventi che l'Eterno Dio aveva fatto"*;
- **Genesi 3:14** non dice affatto *"animali dei campi"*, ma dice in realtà *"viventi del creato"*.

Chiunque fosse stato presente durante questo straordinario ma al contempo drammatico evento, avrebbe potuto assistere ad una scena simile ad una saetta che precipita violentemente sul suolo, causando un frastuono assordante e senza precedenti. O ancor peggio, come la caduta disastrosa di un meteorite.
Un cherubino decaduto non è cosa da poco; Dio affidò a questo suo "figlio" le chiavi del Regno dei Cieli e sicuramente era dispiaciuto di quanto accaduto. Cacciarlo via era la soluzione più giusta. Dio si fidava di lui, lo ha amato tanto.

---

[98] Ezechiele 28:12-15

Col passare dei secoli, a questo *helèl* viene attribuito il nome di Phosphòros, come citato prima.

Apocalisse 9:1 lo troviamo in contrapposizione ad **Ezechiele 28:16**, in Ezechiele viene rappresentato come *"colui che custodiva il sigillo della perfezione, sul monte Santo di Dio"*, mentre in Apocalisse viene presentato come il *"custode della chiave dell'abisso"*.

Notiamo anche un particolare interessante, sempre in Apocalisse, quando l'autore del libro - *Giovanni* - afferma di aver pianto poiché non si trovava nessuno degno di *"aprire il libro e di scogliere i sigilli"*.

Possiamo immaginare che il "custode" di questo libro dove vi era contenuta tutta la "perfezione" di Dio, sarebbe stato proprio il figlio dell'aurora precipitato, mentre in realtà acquisì questo incarico proprio il Figlio dell'Aurora risorto.

Diversi millenni più tardi, con l'ingresso delle nuove traduzioni bibliche, viene adottato il termine Lucifero[99] che letteralmente significa "portatore di luce".

Lucifero lo troviamo scritto in maniera particolare nella versione latina delle Scritture (Antico e Nuovo Testamento), la Vulgata: *"come mai sei caduto dal cielo, Lucifero, figlio dell'Aurora?"*

Ebr. הֵילֵל	= *helèl*	= astro mattutino
Gr. Φώσφορος	= phosphòros	= dare luce
Lat. Lvcifer	= lucifero	= portatore di luce

A confermare ancora l'entità portatrice di luce di Satana è **2 Corinzi 11:14-15**.

---

[99] Si legga Isaia 14:11-15 nella versione Vulgata

I versetti citano il travestirsi da angeli di luce. Quindi ci chiederemo: *"come può Satana travestirsi da portatore di luce se già lo è?"*
Quando Dio cacciò via questo angelo ribelle, lo privò della luce che emanava, di tutta quella gloria di cui era portatore. Quella luce propria di cui disponeva non fu più in lui.
E se in principio quando Dio disse: *"vi sia Luce"* si trattasse proprio della manifestazione di Lucifero?

L'idea che si ha oggi dell'immagine del diavolo è un'esasperazione della fantasia umana. Le rappresentazioni iconografiche artistiche ci mostrano un diavolo dalle sembianze mostruose, a seconda della cultura e mitologia di un determinato popolo. La più comune tra esse è una figura con testa e arti di un caprone (Baphomet), l'esatta contrapposizione della figura dell'Agnello, Cristo.
Le culture e le ideologie moderne ci presentano un diavolo estremamente possente e muscoloso, dall'aspetto terrificante e bruttissimo, tutto rosso e con barba, corna, coda appuntita come una lancia, arti inferiori di un caprone e il forcone a tre punte.
Il tridente è sinonimo di trinità satanica, l'esatta scimmiottatura del Dio trino Cristiano.
La fantasia fa evocare immagini alla mente dell'uomo in base al personaggio che ha davanti. Se è un personaggio malvagio viene rappresentato in maniera terrificante, mentre se il personaggio è amorevole, viene rappresentato con un bell'aspetto.
A motivo di ciò, Satana è sinonimo di malignità, invidia, superbia, lussuria, orgoglio, egoismo, tentazione, omicidio, suicidio, furto, menzogna, rabbia, odio, rancore e così via dicendo. Ma siamo sicuri che questo diavolo sia davvero così

brutto per come viene descritto dalle tradizioni? Eppure le Scritture ce lo descrivono in maniera completamente opposta. Così come Satana, anche l'albero posto al centro del giardino di Eden era molto bello da vedersi, eppure il suo frutto fu letale all'uomo.

Il termine greco Phosphòros viene attribuito anche a Cristo in **2 Pietro 1:19** ed è proprio per questo che bisogna stare attenti al saper distinguere le due "stelle mattutine" l'una dall'altra, perché una ha bisogno di travestirsi (*h*elèl), mentre l'altra brilla di luce propria (Cristo).
Analizzando con attenzione tutto l'AT, in realtà non viene fatta alcuna menzione diretta al "Satana principe degli inferi" quindi potremmo affermare che Satana non esiste nell'AT. Vi sono molti *simboli e metafore* che richiamano la sua realtà, ma l'unico Testo che menziona in maniera concisa e letterale il *"nemico di Dio"* per come lo si conosce è il NT:
Dragone, serpente antico, Diavolo, Satana, angelo di luce...

IL TERMINE "SATANA" NELL'ANTICO TESTAMENTO
E IL SUO SIGNIFICATO LETTERALE

Il termine [Satàn][100] !j'f' ricorre in tutto l'AT per ben 18 volte dei quali ne esamineremo solo alcuni.
Esaminandoli scopriremo il significato che la Bibbia stessa ne attribuisce, e se in realtà si tratti o meno del nome proprio di un individuo qual è il Diavolo.
Significa letteralmente *"avversario"* e può avere valenza sia negativa che positiva.
Per una maggiore comprensione il lettore è invitato a leggere per esempio I Samuele 29:4; I Re 11:14,24 e II Samuele 19:23 e le altre indicazioni annotate a piè di pagina. Si noti a chi è riferito il termine

---

[100] Numeri 22:22, 32; I Re 5:18; 11:14,23,25; I Cronache 21:1; I Samuele 24:4; II Samuele 19:23...

"avversario".
La nostra traduzione evidenzia che il termine "avversario" indica una funzione ben precisa svolta da qualcuno ovvero quella di "nemico" o "oppositore di...".
Nei casi che abbiamo "obbligatoriamente" letto capiamo dunque che gli "avversari" possono essere persone qualunque purché siano "nemici" di qualcun altro.
La valenza negativa sta quando il termine Satàn è rivolto contro Dio (avversario di Dio) e la valenza positiva la riscontriamo quando il termine è rivolto contro il nemico che ci sta davanti (avversari del Diavolo).
Detto ciò deduciamo che il credente sia anch'esso un avversario del Diavolo e l'ironia della sorte vuole che può essere definito tranquillamente il [satàn] del Diavolo. Avversario dell'Avversario di Dio.
A sostenere la teoria che il termine Satàn non sia un nome proprio di "persona" è proprio l'articolo che vi sta davanti [ha-shatàn] !j"ßF'h; cioè il-satàn, lo-avversario.

Uno dei passi biblici che hanno suscitato e attribuito la figura di Satana ad un angelo è Giobbe 1:6:
*"Un giorno i figli degli Elohiym vennero a presentarsi davanti a Yavèh e **l'avversario** venne anch'egli in mezzo a loro"*

Nella nostra traduzione leggiamo *"[...] a presentarsi davanti a Yavèh e **Satana** venne anch'egli in mezzo a loro... [...]"*

Il Testo originale, a differenza della traduzione, presente l'articolo davanti al termine. Qui, comunque, sembra chiaro di capire che questo "satàn" avesse le potenzialità e/o autorità necessarie per potersi presentare davanti a Yavèh insieme agli altri *figli degli Elohiym*.
Così come nella sezione sui "Giganti" di cui abbiamo già parlato, anche in questo caso fanno la loro comparsa i *"figli degli Elohiym"*. Sorgono delle domande:

- *Che autorità aveva questo Satàn nel presentarsi davanti a*

- *Yavèh in compagnia degli "angeli"?*
- *Il Satana che noi conosciamo non era stato cacciato lontano da Dio?*
- *Quindi che ci fa in mezzo a loro?*
- *Fu veramente il Satana che noi consociamo a tormentare la vita di Giobbe, previo permesso da parte di Yavèh, o fu qualcun altro?*

In ogni caso, il Testo originale vuole farci comprendere che insieme a questi "figli degli Elohiym" ci fosse *un avversario*.

- *È probabile che questo Satàn sia in realtà uno dei Nephilìm/Ghibborìm rimasti, come dicono le Scritture, "anche in seguito"?*

Abbiamo accennato anche la vicenda di Balaam con la sua asina parlante che ad un certo punto del racconto essa vide un *"angelo del Signore"* davanti a se **ostacolando** la via che stava percorrendo. Intimorita da tale visione cambia subito direzione e Balaam, contrario a questa sua iniziativa, la percuote più volte.
Balaam non capiva lo strano comportamento della sua asina, ma solo essa aveva la facoltà di poterlo vedere.

In Numeri 22:22 leggiamo: *"l'angelo del Signore si mise sulla strada come un [satàn]."*
In Numeri 22:32 leggiamo che improvvisamente questo angelo si rende finalmente visibile anche a Balaam dicendo: *"Ecco, io sono uscito come [satàn], perché la via che percorri è contraria al mio volere".*

Da notare degli aspetti molto importanti.
Ad ostacolare la via di Balaam non fu un *"figlio degli Elohiym"* ma un *"Malàck di Yavèh"*.
Malàck %a:ôl.m; viene tradotto con Angelo.
- *Perché si pone la differenza tra figli degli Elohiym è Angelo di Yavèh?*

Possiamo immaginare questo Yavèh come l'Ufficiale Militare di maggior grado a capo degli angeli e questo Malàck come un Ufficiale di grado inferiore o Sottufficiale stante sotto i Suoi ordini.
Un conto è essere "figli di Dio", un altro conto è essere un Angelo di Dio perché secondo tradizione, gli angeli sono suddivisi in gerarchie, ciascuno con i propri incarichi, proprio come i soldati di un esercito militare aventi gradi differenti ed altrettanti incarichi e ruolo specifici.
I Malàckìym (plurale di Malàck) di cui parla la Bibbia sono dei funzionari di Yavèh che hanno il compito di trasmettere messaggi, ordini e regole ben precise all'uomo per conto di Suo.
Malàck significa quindi "messaggero".

Quando nel NT si incontra il termine [Satàn, Satanàs] Σαταν - Σατανᾶς, in 33 versetti per la precisione, si tratta in realtà ed anche in questo caso di *semitismo o ebraismo letterale.*[101] In greco non esiste il termine "satàn"; nel NT viene riscritto perché riprende le lingue parlate nel tempo in cui è stato redatto il NT, l'ebraico e l'aramaico.
Il greco era considerato come l'inglese per noi oggi.
Esistono antichi manoscritti dove in essi viene narrata con maggiori dettagli tutta la vicenda sulla caduta del Diavolo, oltre alla creazione dell'uomo, il peccato originale e la morte di Adamo ed Eva. Questa narrazioni che possiamo definire *"alternative"* vengono considerate apocrifi e quindi non appartenente al canone biblico[102].

---

[101] Si legga la sezione *"Adamo ed Eva e la loro storicità"*.
[102] Si leggano gli Appendici 1 e 2.

Chi fu la moglie di Caino?

La risposta a questa domanda è oggetto di innumerevoli critiche le quali hanno fatto nascere fantasie, fiabe e supposizioni. Consultando con troppa semplicità le Scritture ci risulterà difficile poter dare una risposta certa, ma analizzando con più attenzione la dinamica dei fatti di quel tempo *[sempre alla luce delle Scritture]* possiamo arrivare ad una soluzione parecchio accettabile o attendibile rispetto alle favole che la critica racconta, del tipo *"Adamo ed Eva non furono i progenitori della razza mana, ne esistevano altri già prima di loro"*.
Dopo essere stato cacciato via da Elohiym, Caino si ritrovò completamente solo, migrò lontano e prese moglie.
Noi tutti sappiamo che i figli di Adamo ed Eva, menzionati per nome dalle Scritture stesse furono Caino, Abele e Set (nato dopo la morte di Abele - **Genesi 4:25,26**). Mentre in pochi sanno o hanno letto che oltre a questi 3 figli, Adamo ed Eva ebbero *"figli e figlie"*.
Ecco cosa riportano le Scritture a tal proposito in **Genesi 5:1-5**:
"Adamo visse centotrent'anni anni, generò un figlio a sua somiglianza, a sua immagine, e lo chiamò Set; il tempo che Adamo visse, dopo aver generato Set, fu di ottocento anni ed egli generò figli e figlie; tutto il tempo che Adamo visse fu di novecento trent'anni; poi morì."
Genesi 5:1,2 ci dice: *"Questo è il libro della genealogia di Adamo. Nel giorno che Elohiym creò l'uomo, lo fece a somiglianza di Elohiym; li creò maschio e femmina, li benedisse e diede loro il nome di "Adàm".*

Le Scritture non menzionano affatto altri "popoli" o famiglie

oltre Adamo ed Eva, quindi per Fede e per assoluta certezza alla veridicità delle Stesse, si crede che oltre Adamo e Eva non ci sono mai stati altri uomini o donne, a parte i figli che generarono.
Le Scritture ci insegnano che dopo l'omicidio di Abele, *"Caino si allontanò dalla presenza del Signore e si stabilì nel paese di Nod[103], a oriente di Eden"* **Genesi 4:16**
Caino si diresse verso quel luogo in maniera *"vagabonda e fuggiasca"*.
"Poi Caino conobbe sua moglie, che concepì e partorì Enoc. Quindi si mise a costruire una città, a cui diede il nome di Enoc, dal nome di suo figlio". **Genesi 4:16,17**

Abbiamo letto che Adamo generò figli e figlie, e secondo alcuni manoscritti antichissimi che non fanno parte del canone biblico, quindi testimonianze apocrife delle Stesse [Apocalissi (rivelazioni) di Mosè e di Adamo rivelate a Mosè sul monte Sinai], si narra che i nostri progenitori generarono in tutto trentuno figli (tra cui Abele che morì quindi ne rimasero 30) e trenta figlie, quindi sessantuno in totale e sessanta rimasti in vita.
Sta scritto in **Genesi 1:28**: *"Dio li benedisse; e Dio disse loro (Ad Adamo ed Eva): «Siate fecondi e moltiplicatevi; riempite la terra, rendetevela soggetta... [...] »."*

Data l'età longeva di Adamo non è difficile immaginare ad una cosa simile, che Adamo ed Eva popolassero davvero la Terra, in fondo questo compito apparteneva solo a loro, essendo gli unici esseri umani esistenti.

---

[103] Nod, in ebraico Nodh, letteralmente significa *"fuga, esilio"*

Questi *"figli e figlie"* di cui si parla sembra che le Scritture non diano tantissima importanza, tanto è vero che non abbiamo altri nomi al di fuori di Caino, Abele e Set. Ma nonostante ciò, non vuol dire che questi altri figli di Adamo ed Eva non erano importanti, anzi, se ne è stata fatta menzione della frase *"figli e figlie"* evidentemente avrà la sua importanza.

Questi fratelli e sorelle di Caino, Abele e Set di certo non abitavano tutti nello stesso luogo o nella stessa regione. *"Popolate la Terra"* è stato un ordine che Dio ha imposto all'uomo, quello di procreare e migrare nei quattro angoli della giovanissima "Pangea".

Leggendo solo il Testo di Genesi è facile poter pensare che Caino prese per moglie una delle sue sorelle, migrata nel paese di Nod, la quale le diede per figlio Enoc. In quell'epoca non si conosceva nemmeno al parola *"incesto"*, quindi era assai possibile una cosa del genere. Se fosse migrata insieme a lui, fosse già in quel luogo o lo raggiunse dopo, la Genesi non lo dice ma ne riparleremo tra poco, sappiamo che comunque *"Caino prese moglie"*.

Di certo Adamo ed Eva non potevano geneare figli all'infinito (Adamo poi morì), quindi era necessario che i loro stessi figli procreassero tra di loro, infatti il testo apocrifo fa riflettere un pò in effetti: *"Adamo generò trenta figli ed altrettante figlie"* vale a dire un numero di figli ideale per poter formare trenta coppie, trenta nuove famiglie, trenta nuove generazioni senza che nessun figlio maschio o femmina rimanesse da solo senza un compagno o compagna con cui poter procreare.

Per concludere, una risposta che possiamo dare a questo quesito poco indifferente è che Caino prese per moglie una delle sue sorelle. Non c'era ancora la poligamia.

SETH, IL TERZO FIGLIO DI ADAMO ED EVA, PERCHÉ VENNE DEFINITO "SOSTITUTO DI ABELE"?

Non scriviamo il testo ebraico per non appesantire ulteriormente la lettura, ma adotteremo, come nostra buona abitudine, la traduzione parola-per-parola.

Genesi 4:25 *"E conobbe Adamo ancora moglie sua e nacque figlio avente nome suo Seth, perché Elohiym ha imposto seme altro sostituto di Abele, perché ucciso da Caino"*.

La traduzione letterale del Testo ebraico fa comprendere che Elohiym *"impone"*, *"obbliga"*, o comunque dice ai due coniugi di fare un altro figlio affinché potesse *"rimpiazzare"* la mancanza di Abele.
Come già detto in precedenza, Adamo ed Eva ebbero *"figli e figlie"*, e secondo la tradizione, oltre a loro non esistevano altri esseri umani.
Era un'imposizione forzata per loro quello di formare coppie di marito e moglie tra fratelli e sorelle consanguinei e, poiché anche Caino prese moglie probabilmente o quasi per certo una delle sue sorelle, una delle sorelle di Caino destinata ad essere la moglie di Abele, e in mancanza del fratello ormai morto, era necessario per lei un *"rimpiazzo"* affinché non rimanesse sola e non poter contribuire alla popolazione della Terra.
Seguendo il *libo dei Giubilei* come un'apertura di parentesi, apprendiamo che Eva genera Caino e poi una figlia femmina di nome Awan che lui stesso prenderà per moglie. Si deduce che nel paese di Nod, luogo in cui Caino si stabilì dopo il suo vagabondare e in esso prese moglie, Awan fosse già sul luogo.
Si fa menzione anche di una certa Azura, altra figlia femmina di Adamo ed Eva, che Set prenderà per moglie.
Si tratta forse della figlia destinata a sposarsi con Abele?
O probabilmente Abele dato che era "destinato" ad essere il progenitore dei Patriarchi, ma così non fu perché morì, Seth lo "sostituì" per questo perché le Scritture ci dicono che Set fu il secondo capostipite dei patriarchi, dopo Adamo, fino ad arrivare a Noè.

Nelle nostre traduzioni Eva dice *"Dio mi ha dato un altro figlio al posto di Abele"*, mentre la traduzione letterale dice *"Elohiym ha imposto seme altro sostituto di Abele"*.
Ovviamente il *"seme"* a cui si riferisce il Testo, che in ebraico è scritto [SZERÀ] [r;z<å, non può che non essere lo spermatozoo, quindi fu Elohiym a dire ad Adamo di *"conoscere"* ancora una volta Eva e ce ne da conferma Eva stessa in quanto non menziona che sia stata volontà del marito quella di avere un altro figlio, ma che fu Elohiym a decidere. Non c'è scritto *"Adamo mi ha dato un figlio"*, ma *"Elohiym ha imposto seme altro sostituto di Abele"*.
Come sappiamo, una coppia che desidera avere un figlio, oltre che ad immaginarselo maschietto o femminuccia, ne decide almeno il possibile nome da attribuirgli, o ipotizzare le possibili fisionomie e somiglianze che potrebbe avere, più o meno, tra i due genitori o i nonni. Un'analisi attenta del versetto esaminato può farci capire che è stato Dio a decidere la nascita di un figlio maschio, perché, appunto, una coppia di marito e moglie non può prevedere ne decidere di che sesso sarà il nascituro. Nemmeno oggi si può decidere se far nascere un figlio maschio o femmina, forse tramite fecondazione artificiale è possibile, ma grazie alla tecnologia di cui disponiamo nel XXI secolo, possiamo sapere in anticipo il sesso della creatura che si porta in grembo, ma solo in un periodo di tempo DOPO l'avvenuto concepimento.
Prima non è possibile.

DIO HA DECISO
DIO HA DETTO
E COSÌ FU!

DIO HA CREATO

L'origine dei popoli e delle lingue

Penso che un pò tutti conoscono la narrazione biblica della torre di Babele, dove si vede quest'uomo sfidare Yavèh tentando di costruire una torre talmente alta per poterlo raggiungere nei cieli.
Dio punì la sua presunzione confondendo tutte le lingue del popolo affinché nessuno potesse più capire le parole degli altri.
Facendo un passo indietro di qualche secolo (testualmente parlando, indietro di qualche versetto), le Scritture dicono che dopo il diluvio, Shem, Cham e Yafet (i figli di Noè) generarono dei figli, i padri di svariate nazioni asiatiche, europee, mediorientali e africane - *Genesi 10*.

I nomi di queste nazioni sono così individuabili.

1. i figli di Yafet furono:
- **Gomer** *(Cimmeri e i Cimbri, da cui deriva la razza celtica)*; a sua volta generò **Ashkanaz** *(prossimità dell'Ararat, o possibilmente le prime popolazioni che abitarono nelle zone germaniche [es: i giudei Ashkenazym che vissero li]*, **Ryfat e Togarma** *(abitarono nell'Asia Minore)*;
- **Magog** *(gli Sciti)*;
- **Maday** *(l'antenato dei Medi)*;
- **Yavan** *(antenato dei Greci, dell'Asia Minore e della Siria)*; Yavan a sua volta generò **Elyshah** *(popolazioni delle isole mediterranee Sicilia e Cipro)* e **Tarshysh** *(aree marittime dell'antica Spagna, città di Tarsis)*;

- **Tuval** *(probabilmente la città di Tobolsk deriva da Tubal, ma con i secoli questa popolazione, residente nelle coste meridionali del mar Morto, si sono disperse)*;
- **Meshek** *(probabilmente l'antenato delle popolazioni russe e delle regioni coabitate dai popoli di Tuval e Magog)*;
- **Tyras** *(forse, l'antenato dei Traci)*;

2. i figli Cham furono:
- **Kush** *(l'Etiopia)*;
- **Mitsraym** *(l'Egitto)*;
- **Put** *(la Libia)*;
- **Kanaan** che a sua volta generò **Tsidon** *(una delle capitali dell'Antica Persia)* e **Chet** *(gli Ittiti)*;

3. i figli di Shem furono:
- **Elam** *(popolazione che viveva ad Est di Babilonia e del golfo Persico)*;
- **Asshur** *(l'Assiria)*;
- **Arpakshad** *[(?) nacque due anni dopo il diluvio]* che generò **Sela** che a sua volta generò **Eber** *(o Ever)*;
- **Lud** *(?)*;
- **Aram** *(?)*; che a sua volta generò **Uts** *[regione a nord dell'Arabia in cui visse Giobbe (Giobbe 1:1)]*, **Chul, Ghetel e Mash**.

Genesi 10:5 *"Da costoro derivarono i popoli[104] sparsi nelle isole delle nazioni, nei loro diversi paesi, ciascuno secondo la propria lingua, secondo le loro famiglie, nelle loro nazioni."*

Si è appena letto *"ciascuno secondo la propria lingua"*; ma com'è possibile che esistevano già delle lingue diverse? Ancora la confusione delle lingue di cui si parla nell'episodio della torre di Babele non era avvenuta.

In **Genesi 10:5** non si parla di **"lingue"**, ma si parla di **"dialetti"**.

Il termine **"lingue"** in ebraico, scritto in **Genesi 10:5**, è [leshòn] לְשׁוֹן; poco dopo troviamo scritto in **Genesi 11:1** *"Tutta la terra parlava la stessa lingua e usava le stesse parole"*.

Da questo capitolo si inizia a narrare la vicenda della torre di Babele; quindi, la confusione delle lingue non era ancora avvenuta e *"tutta la terra parlava ancora la stessa lingua"*.

Letteralmente, il versetto andrebbe così tradotto: *"E fu che tutta la terra parlava con unica parola universale"*.

È da notare che le traduzioni di oggi adottano il termine *"lingua"*, mentre nel Testo originale non c'è.

Abbiamo capito, dunque, che fin dal principio esisteva una sola lingua e che man mano ha assunto diverse *"cadenze"*, come in Italia e in tutte le altre nazioni del mondo che si parla una sola lingua *(Genesi 11:1)*, ma diversi dialetti *(Genesi 10:5)*.

La stessa cosa avvenne con i figli di Noè. Fu lì l'origine primordiale dei dialetti.

---

[104] **N.B.** tutti i nomi di persona e di città sono traslitterati direttamente dal testo ebraico masoretico. Il termine ebraico "Bavel" = Babele, viene assimilato al termine "Balal" che significa, appunto, "confondere".

Poi, con la torre di Babele (letteralmente "Bavel") ci fu lo sconvolgimento più totale di questa lingua, scritto in **Genesi 11:7**.
Se dovessi tradurre **alla lettera** questo versetto lo scriverei così:

"E disse Yavèh: Scendiamo per dare miscuglio ai discorsi dell'uomo, affinché le loro labbra urlino linguaggi incomprensibili, che non esistono".
Ecco un caso in cui Yavèh - *rivolgendosi agli altri Elohiym* - parla al plurale = *"scendiamo"*.

Nel versetto 6, invece, Yavèh sta premeditando questa confusione, punizione che intende affliggere all'umanità a causa del peccato di presunzione e di innalzamento[105] verso di Lui.

---

[105] Isaia 14:14 "sarò simile all'Altissimo" - chi si innalza verrà abbassato.

Il primo capostipite degli Ebrei

Sono in pochi ad aver affrontato una corretta interpretazione sulla differenza che c'è tra l'essere un *ebreo* ed essere un *israelita* o "figlio di Israele".
La stessa differenza possiamo farla con la fede dei musulmani, l'Islam e sul loro paese d'origine.
Illustriamo con maggiore chiarezza tali differenze.

- *Possiamo essere degli ebrei pur non vivendo in Israele?*
- *Possiamo essere dei musulmani pur non vivendo in Turchia, Afghanistan, Arabia o altra nazione che ci riconduce a tale fede?*

Essere un israelita significa vivere in Israele o comunque esserci nati. Allo stesso modo, essere un musulmano significa vivere nelle nazioni sopra citate o comunque esserci nati.

L'Ebraismo e l'Islamismo sono due movimenti religiosi e non hanno nulla a che vedere con la nazione di origine degli individui che ne fanno parte.
Ebrei e musulmani, oggi, sono sparsi in tutto il mondo.

In relazione alla sezione precedente sull'origine dei popoli, questo breve paragrafo vuole illustrare la differenza che c'è, appunto, tra l'origine di una fede, qual è l'ebraismo, e l'origine di una nazione qual è Israele.

Leggendo le Scritture vediamo che Dio cambiò il nome al patriarca Abramo in Abrahamo assumendone il significato di *"padre di molti popoli"*.

Successivamente Dio cambiò il nome di Giacobbe, chiamandolo *Israele*. Quindi vediamo Abrahamo generare *"molti popoli"* e Giacobbe essere il primo rappresentante ufficiale della nazione di Israele, proprio dal nome che Dio gli aveva dato.
I *"molti popoli"* saranno coloro che formeranno proprio la nazione futura.
L'antenato di Abrahamo fu Peleg e il padre di Peleg fu Eber o *Ever*, pronipote di Shem.

Quando in Genesi 10:21 viene elencata la discendenza di Shem, il versetto 21 inizia enfatizzando una chiave di lettura molto interessante:
"[...] Shem, padre di tutti i figli di Eber [...]"

Il versetto vuole evidenziare un elemento parecchio importante in quanto, come già detto, Eber fu il progenitore di Abrahamo, il *"padre di molti popoli"*.
In Genesi 14:13 viene detto che Abramo fosse un ebreo poiché discendente del patriarca Eber rb,[eê da cui ne deriva la parola IVRÌ [Ibrì], yrI+b.[i [ebreo].
Quindi, l'origine dell'etnia ebrea ha avuto inizio proprio da Shem, il figlio di Noè, da cui avrebbe avuto origine il popolo d'Israele.

Shem fu il capostipite dell'etnia ebrea, ma Eber fu il capostipite ufficiale del popolo ebraico da cui deriva il termine [ebreo]. Si pensa che Eber sarebbe stato ancora in vita quando nacquero a Giacobbe dei figli.

Col tempo, i termini **ebreo** e **israelita** divennero sinonimi l'uno con l'altro per questo oggi si da per scontato che un ebreo sia un israelita.

La deriva dei continenti [?]

Il nostro pianeta è formato da una "crosta terrestre" e da enormi "placche oceaniche e continentali".
Secondo una conformazione delle coste frastagliate dei vari continenti, si è arrivati alla conclusione che "milioni" di anni fa la terraferma era raggruppata tutta in un unico continente (la Pangea). Col passare dei secoli queste placche si sarebbero divise come se la terraferma fosse un gigantesco puzzle dalla quale ciascun pezzo (i vari continenti di oggi) si distaccava e man mano allontanava dagli altri pezzi.
Nel 1912, Alfred Lothar Wegener fece questa scoperta.

Cosa dicono le Scritture a riguardo?
"Poi Dio disse: Le acque che sono sotto il cielo siano raccolte in un unico luogo e appaia l'asciutto. E così fu." **Genesi 1:9**
Da come possiamo leggere in questo passo di Genesi, le Scritture hanno anticipato per primo questa scoperta molto recente. Le acque sono state raggruppate in un unico luogo, quindi un unico oceano: l'asciutto formava una gigantesca isola ed unico continente, completamente circondato dalle acque.
La scoperta di Wegener ci dice che questa terraferma si squarciò e di anno in anno ogni brandello di terraferma si allontanava l'una dall'altra formando così gli attuali continenti.

Cosa dicono le Scritture a riguardo?
Sta scritto che *"al tempo di Peleg, la terra fu spartita[106]"*.

---

[106] Genesi 10:25 e Cronache 1:19

Molti potrebbero interpretare male il termine *"spartita"* che in ebraico è [NIFELGAH] נִפְלְגָה *(la radice è [Pàlag]* פלג*)*. Infatti, il significato del nome Peleg deriva proprio dal verbo *"pàlag"*, che significa *"dividere, assegnare"*.

Il verbo Pàlag può assumere due interpretazioni:
- la terra fu *suddivisa* in territori, in regioni o nazioni;
- o che la terraferma si squarciò completamente formando i vari continenti, da cui avrebbe avuto origine la deriva dei continenti

Con una corretta interpretazione e traduzione, il verbo Pàlag viene utilizzato quando si vuole descrivere una separazione o una divisione.

Questo ci fa capire che la *"deriva dei continenti"* era stata già annunciata in Genesi e in Cronache.

Come espongono le interpretazioni del prof. Biglino, questa *"spartizione"* avvenne mediante l'assegnazione dei territori della Terra ai numerosi Elohiym esistenti, di cui a Yavèh fu assegnato il territorio degli ebrei dei quali ne divenne il dio unico.

La scienza ci spiega che la deriva dei continenti non poteva avvenire in poco tempo. Peleg visse circa 239 anni e in così breve tempo risulta impossibile che i continenti si "allontanassero" ad una velocità simile. Il velocissimo movimento delle placche oceaniche-continentali avrebbero causato degli sconvolgimenti geologici senza precedenti, terremoti e maremoti indescrivibili, tanto da poter fare estinguere ogni essere vivente. Se dovessimo attenerci alle teorie e ai calcoli della scienza in merito ai movimenti di queste "placche", sarebbero stati necessari milioni di anni affinché i continenti si trovassero nella loro attuale collocazione geografica, partendo dal fatto che prima formavano un'unica terra asciutta.

Per certo sappiamo che al Dio trascendente che noi tutti conosciamo nulla è impossibile. Dio creò l'Universo in sette giorni ed apportare qualche "ritocco" alle terre emerse è per Lui un gioco.

Resta di fatto però che il termine che abbiamo esaminato non specifica in maniera chiara e concisa a cosa si riferisse, tant'è vero che se fosse avvenuto qualche cataclisma di grandi proporzioni (per esempio il diluvio), l'autore del Testo ce lo avrebbe detto.

Abbiamo già detto che a Dio tutto è possibile e se al tempo di Peleg avvenne la deriva dei continenti vorrà significare che nell'arco dei 239 anni in cui visse accadde qualcosa *"in silenzio"* di estremamente grandioso e straordinario. Dio spartì la terra senza causare sconvolgimenti apocalittici poiché tutto era sotto il Suo controllo.

Se fosse realmente avvenuto, perché?

Cornelis van Haarlem: Adamo ed Eva, il peccato (1592)

CAPITOLO 4
L'Eden

Come si è potuto constatare dalla lettura dei capitoli precedenti, la Bibbia contiene tantissime meraviglie, partendo proprio dal significato di ogni singola lettera fino ad un contesto narrativo che vede coinvolte parole, termini, lemmi e avvenimenti in genere osservati sotto un'ottica mai vista, o meglio... vista solo da pochi.
Abbiamo viaggiato a lungo attraverso l'atto creativo dell'Universo, abbiamo scoperto le possibili teorie scientifiche in merito alla formazione della donna, si è parlato quindi di ingegneria genetica umana e divina scritta già 3.500 anni fa nella Bibbia e molti secoli prima dai Sumeri, notando dei parallelismi con le loro testimonianze.
Insomma, gli argomenti trattati non sono stati pochi, alcuni dei quali sicuramente avranno suscitato un po' di "fastidio" a lettore, ma se si è arrivati a questo punto del libro evidentemente possiamo riconoscere che il desiderio dello scoprire e del sapere non si è ancora spento. Il capitolo che stiamo per affrontare adesso sarà interamente dedicato al famoso giardino dell'Eden; servendoci ancora del metodo di studio induttivo e del metodo di lettura e traduzione parola-per-parola per mezzo delle dirette citazioni bibliche dal testo masoretico della Biblia Hebraica Stuttgartensia.

Il giardino recintato

Leggendo la Genesi dal capitolo 2 fino a tutto il capitolo 3 è interessante sapere che in termini spazio-temporali stiamo "viaggiando" nel bel mezzo di un intervallo di tempo di diversi anni.

Dopo essere stato creato, l'Adàm (maschio e femmina) ricevono il compito di perlustrare tutta l'area in cui sono stati collocati, di attribuire un nome a tutti gli animali e di nutrirsi esclusivamente di frutta e verdura.

È ovvio quindi che in pochi giorni era impossibile che l'Adàm percorresse a piedi grandi distanze come quelle che separano i fiumi Tigri ed Eufrate, in pochi giorni non sarebbe stato in grado di attribuire un nome a tutti gli animali... aveva bisogno di molto tempo, degli anni, prima di potersi ambientare e prendere dimestichezza con la natura e su tutto ciò che lo circondava.

Da precisare che nel momento in cui Elohìym impasta la terra da cui trarne l'uomo, il giardino di Eden non era ancora stato piantato e quindi possiamo dedurre che l'Adàm fu creato in un'area più distante se non adiacente a quelle zone.
L'analisi della radice ebraica "DM" che abbiamo studiato diversi capitoli fa, ci fa capire che l'Adàm è stato tratto da una terra rossastra, probabilmente ma non certo al 100% da una terra di origine vulcanica.
Elohìym dopo aver piantato il giardino vi pone al suo interno l'Adàm.

PAROLA EBRAICA: גַּן־בְּעֵדֶן
TRASLITTERAZIONE: gan be-Eden
TRADUZIONE: giardino in Eden

Il termine "EDEN" עֵדֶן non è il nome proprio del giardino; la preposizione B^E בְּ ci fa capire che Eden è un'area specifica poiché il giardino è posto *"IN EDEN A ORIENTE"*.

Il termine GAN גן viene tradotto con "giardino", ma le radice più antica del termine appartenente a popoli pre-biblici vuole significare letteralmente "LUOGO RECINTATO".
Queste antiche radici hanno ragione e più avanti scopriremo il perché.

Leggiamo in Genesi 2:9 che Dio piantò *"l'albero della vita **in mezzo** al giardino e l'albero della conoscenza del bene e del male"*.

Cosa comprendiamo? Comprendiamo che l'*albero della vita* viene piantato al centro del giardino mentre l'*albero della conoscenza* non viene specificata una collocazione.

Ecco quali sono le interpretazioni teologiche di entrambi gli alberi:
- ALBERO DELLA VITA: l'albero della vita rappresenta quell'albero il cui frutto è capace di donare l'immortalità a chiunque ne mangi;
- ALBERO DELLA CONOSCENZA: rappresenta quell'albero il cui frutto è capace di donare la sapienza e la distinzione tra ciò che è giusto da ciò che è sbagliato. La coscienza.

Il secondo albero è quello che viene coinvolto nel cosiddetto e famoso *"peccato originale"* che tutti noi conosciamo.
In merito alla collocazione geografica di entrambi gli alberi, le Scritture fanno un po' di confusione, probabilmente o per errore di traduzione o per errore di ricopiatura dei testi antichissimi da parte dei meticolosi Masoreti, oppure si legge con disattenzione.
Se confrontiamo le traduzioni con il Testo ebraico notiamo che la traduzione viene fatta in maniera corretta quindi

l'unica ipotesi che ci rimane sarebbe quella di un errore di ricopiatura da parte dei *"custodi della tradizione"*... o magari sarà stato Mosè.
Esponiamo quindi il *"pasticcio dell'Eden"* che è contenuto nel libro della Genesi.
Il lettore è invitato a fare molta attenzione leggendo in parallelo i passi citati:

- **Gen. 2:9** - L'*albero della vita* è posizionato al centro del giardino, mentre l'*albero della conoscenza* non si capisce dov'è collocato;
- **Gen. 2:17** - Dio proibisce all'uomo di mangiare il frutto dell'*albero della conoscenza del bene e del male*, albero che non sappiamo dov'è posizionato;
- **Gen. 3:3** - Eva dice al Nachash: *"Dio ci ha detto di non mangiare il frutto dell'**albero che è in mezzo al giardino**, altrimenti moriremo"*;

Eva dichiara esplicitamente che l'albero proibito era quello posto in mezzo al giardino, mentre Dio ha proibito di mangiare il frutto dell'albero della conoscenza che non si sa dov'è collocato.

- **Gen. 3:5** - il Nachash conferma che mangiare tale frutto non li porterà alla morte e darà la conoscenza del bene e del male;
- **Gen. 3:22** - Dio allontana l'Adàm prima che egli possa stendere la mano sull'albero della Vita, ne mangi il frutto e viva per sempre.

Dopo l'analisi di tutto il contesto narrato da Genesi 2 e tutto Genesi 3, ci è lecito porci delle domande:

- *Quale frutto mangiarono alla fine gli Adàm?*

- *Che motivo avrebbe avuto Dio di vietare che il frutto dell'l'albero della vita non doveva essere mangiato?*
- *Dio non voleva che vivesse per sempre?*
- *Che motivo avrebbe avuto Dio nel dire **"nel giorno in cui ne mangerai, morirai"** sei il frutto della vita gli avrebbe garantito l'immortalità?*
- *Che motivo ci sarebbe stato di far morire l'Adàm?*
- *Se Dio aveva esplicitamente detto che sarebbero morti trasgredendo quel comandamento, perché allora non sono morti pur avendo disobbedito?*

Il Nachash aveva ragione! *"Non morirete affatto!"*

- *L'Adàm era per caso già immortale giocandosi così l'immortalità diventando una creatura mortale?*
- *L'Adàm era così stupido da giocarsi l'immortalità sapendo che l'albero della vita lo avrebbe portato alla morte?*
- *È più corretto definirlo, a questo punto, "albero della morte" piuttosto che "albero della vita"?*

Se l'Adàm fosse stato già immortale non avrebbe avuto alcun interesse di quell'albero a prescindere da tutto. Godeva già dell'immortalità e ciò che gli avrebbe potuto riferire il "serpente" sarebbe stato acqua al vento.

Deuteronomio 30:15 ci dà una chiave di lettura importantissima che potrebbe farci intendere che in realtà questi due alberi erano un solo albero dalla quale scaturivano sia la *"vita"* che la *"conoscenza"*:
"Vedi, io metto oggi davanti a te la vita e il bene, la morte e il male".

Ma esaminiamo ancora per un po' l'identità di questo presunto "albero dell'immortalità".

FRASE EBRAICA: וְעֵץ הַחַיִּים
TRASLITTERAZIONE: ve-ets ha-chaiìm
TRADUZIONE: e albero *di*-le vite

Il termine ebraico HAIÌM חַיִּים è scritto in forma duale, quindi "vita" va tradotto con "vite".

- *Perché i traduttori biblici si ostinano a non trasmettere ciò che nel Testo ebraico viene specificato?*
- *Essendo un DUALE, perché ne viene specificata tale forma numerale piuttosto di un plurale assoluto?*

In realtà, l'albero della vita è semplicemente un simbolo allegorico, non letterale, e non era altro che un qualcosa di materiale per mezzo della quale il Nachash se ne serve per dare delle informazioni specifiche agli Adàm e poiché erano solo Adamo ed Eva gli unici esseri umani *"all'interno del recinto posto in Eden"*, il termine duale in questione HAIÌM vuole riferirsi proprio *ad una coppia*.

- *Perché "albero delle vite"? Lo scopriremo tra poco.*

Il Nachash specifica ancora: *"non morirete affatto, anzi sarete come gli Elohìym!"* e notiamo ancora una volta che il "serpente" non mente perché gli Elohìym stessi affermano subito dopo: *"Ecco, l'uomo è diventato come uno di noi!"*

Notiamo che non c'è stato alcun inganno da parte del Nachash perché esso ha solo rivelato loro un "segreto" che l'uomo non doveva conoscere.
Magari ha detto una cosa che non doveva dire, ma nonostante l'abbia rivelata non significa che sia risultata una menzogna, anzi, bisogna ammettere l'evidenza dell'esatto contrario.

Leggiamo che dopo la "trasgressione" Adamo ed Eva si accorgono di essere nudi, decidono di fabbricarsi delle CINTURE per coprire le parti genitali. E poiché si costruirono solo delle cinture si deduce che Eva rimase comunque a seno scoperto, altra zona intima e personale della pura femminilità:

- *Che motivo ci sarebbe dal nascondersi gli organi genitali se prima di allora si guardavano sempre nella loro completa ed integrale nudità?*
- *Come possono marito e moglie vergognarsi della loro nudità se nella vita l'intimità è uno degli elementi principali della coppia?*
- *C'erano forse dei "guardoni" piuttosto che dei "guardiani" dell'uomo?*

Adamo ed Eva si accorgono che Yavèh Elohìym camminava nei pressi di dove stavano loro, sentono i suoi passi e dunque trovarono necessario nascondersi dalla sua vista perché nella loro nudità c'era qualcosa che mai era accaduto prima.
Il Nachash sicuramente l'aveva combinata grossa, ma il *"frutto delle vite"* non era altro che un'informazione specifica, contenuta in una "struttura". Il Nachash diede ai due coniugi tutte le dritte necessarie per essere *"come Dio"*, ovvero dei "fabbricatori della vita", sul come "produrre la vita" attraverso il rapporto sessuale.

L'UOMO E LA DONNA SCOPRONO LA LORO SESSUALITÀ.

Adamo ed Eva apprendono dal Nachash che i loro organi genitali erano gli strumenti necessari per poter procreare; sicuramente dopo l'educazione sessuale impartita dal "maestro" saranno passati alla pratica *(infatti sta subito scritto che "Eva concepì Caino[107]),* occorreva senza ombra di dubbio *l'esperienza pratica e fisica,* quindi gli si "aprono gli occhi" che effettivamente *le lezioni del Nachash* corrispondevano al vero e da allora si sono sentiti come imbarazzati del fatto che Dio non era più il solo a poter generare la vita, ma anche loro. La loro uguaglianza a Dio, per questo aspetto, li ha fatti "vergognare" in quanto vedevano in Dio un essere potente ed ineguagliabile, mentre in maniera semplice e *"naturale"* scoprono che non sono poi così diversi da Lui.

Quando si commette un crimine, la prima cosa che si fa è nascondere l'arma del delitto e le armi adoperate dai due coniugi furono proprio gli organi genitali, le uniche cose che cercarono di nascondere dalla vista degli occhi di Dio.
Per questo motivo Dio si sarebbe chiesto *"Perché indossate delle cinture protettive? Che ne sapete voi di "abbigliamento"? Di cosa vi nascondete se io stesso vi ho*

---

[107] Sembra proprio che Caino sia destinato ad avere una vita in collera con Dio e con gli altri suoi simili in quanto, essendo "figlio della trasgressione", esso ne abbia ereditato gli aspetti negativi di quest'ultima: l'invidia, il rifiuto, l'omicidio, la menzogna e il diventare un vagabondo. Si presume quindi che Caino fu concepito proprio in quella prima esperienza sessuale tra Adamo ed Eva e che i dispiaceri e le colpe vissute da Eva in quell'arco di tempo della gravidanza furono somatizzate così tanto da intaccare il feto dentro al suo grembo.
I genetisti stessi ci confermano che un feto può assimilare gli stati d'animo vissuti dalla proprio madre durante la gravidanza.

creati e so come siete fatti fin dalla cellula più piccola del vostro organismo?
Loro rispondono: *"perché il Nachash ci ha detto che..."*

Probabilmente, anzi sicuramente Eva notò di avere dei flussi di sangue dato il primo rapporto sessuale con suo marito, allo stesso modo anche Adamo si ritrovò in una situazione a dir poco "imbarazzante" che li portò entrambi a doversi prima pulire per nascondere delle tracce e poi a ricoprirsi *(quello che non fece Caino)*.

Ecco perché la Bibbia stessa ci rivela CHIARAMENTE che si tratta *"dell'albero delle vite"* o *"dei viventi"* perché tramite due viventi, esclusivamente maschio e femmina, si può generare un'altra vita.

Come abbiamo accennato prima, il termine GAN !G: viene tradotto con "giardino" e le radici più antiche ci dicono che significa "LUOGO RECINTATO".

Quando Adamo ed Eva furono invitati ad allontanarsi dal GAN EDEN, ricevettero da Dio una sentenza non punitiva, ma una sentenza che illustrava loro che la scelta di disobbedire al Suo volere li avrebbe indotti automaticamente alle condizioni in cui si ritrovarono dopo. In un gergo molto amichevole, se pur banale, Dio avrà fatto capire ai coniugi: *"Avete voluto la bicicletta? Adesso pedalate!"*

In chiave di lettura letterale e non teologica, Dio intendeva dire:
"Adesso che siete a conoscenza di questo mio segreto, che non è più un segreto, e poiché ero Io l'unico in grado di generare

la vita sulla Terra, tu Eva sei cosciente della scelta che hai fatto e quindi capirai cosa significa portare una vita in grembo. Prima o poi dovrai partorire e ti assicuro che non sarà una passeggiata ne una cosa indolore. Ci penserai due volte prima di avere un figlio, sempre se riuscirai ad averne. Dato che tuo marito ti aveva già avvisato di non curiosare troppo e lo hai disobbedito, d'ora in avanti dovrai chiedere sempre il permesso a lui prima di fare una qualsiasi cosa! Se egli ti dirà di SI tu potrai, se egli ti dirà di NO, tu non potrai. Qualsiasi cosa egli ti dirà di fare tu la farai e qualsiasi cosa egli ti dirà di non fare tu non la farai.
... quanto a te Adamo, mia amata immagine in mia somiglianza!
Poiché mi hai disobbedito dando ascolto alla voce di tua moglie, esci fuori da questo luogo recintato. Oltre questo luogo sarai tu a doverti procurare da mangiare con molta fatica perché le terre al di fuori di questo luogo non producono alcuna pianta e allora sarai costretto ad affaticarti molto per ottenere gli stessi frutti di cui le terre del recinto ti hanno fin ora nutrito e saziato. Ogni giorno di lavoro sarà per te un sacrificio e peso enorme perché dovrai essere in grado di badare a te stesso e alla tua casa per non morire di fame; qualsiasi cosa farai non verrà apprezzata da nessuno tutti i giorni della tua vita."

Leggendo il senso di questa "sentenza" possiamo capire che Yavèh Elohìym esercitava il suo potere solo all'interno di questo GAN e che, una volta al di fuori di quel luogo, l'uomo se la sarebbe dovuta cavare da solo.
Potrebbero essere state queste le parole che Yavèh Elohìym abbia rivolto alla coppia.
Dio aveva detto già in anticipo e molto chiaramente che alla prima trasgressione del suo volere sarebbero morti, ciò non

accade nell'immediato ma evidentemente la loro immortalità si trasforma in mortalità, anche se preceduta da una vita molto longeva.
Hanno conosciuto i segreti della procreazione, nonostante la tradizione si ostini ad insegnare che si tratti dell'albero della vita dalla quale scaturisce il *siero della vita eterna*.

Non sappiamo adesso quanti anni avevano Adamo ed Eva quando generarono Caino e Abele, ma il Testo ci conferma che all'età di 130 anni Adamo generò Seth. Eva era più giovane, di quanti anni, giorni, ore non si sa, ma possiamo supporre che fece la sua prima comparsa già diverso tempo dopo l'avvenuta creazione del primo Adàm.

Una volta fuori dal giardino, Dio pone ad oriente i Cherubini come guardiani del recinto. Si deduce che a oriente vi fosse un ingresso perché se non fosse realmente un LUOGO RECINTATO a questo punto Dio avrebbe dovuto riporre più cherubini sparpagliati presso tutto il perimetro dell'Eden.
Così come avviene nelle carceri affinché non esca nessuno, in questo caso nessuno sarebbe dovuto entrare.
Se questo "recinto" non avrebbe avuto alcun valico inviolabile allora bastava semplicemente fare il giro da un'altra parte per potervi fare nuovamente accesso.

Questa è l'esposizione più razionale del celeberrimo "peccato originale".
La tradizione teologica vuole ancora una volta insegnare che a causa di Adamo ed Eva il peccato fa il suo primo ingresso nel mondo.
NON È COSÌ!

Si notino gli sbalorditivi parallelismi ai racconti Sumeri che abbiamo già esposto...
Invitando nuovamente il lettore a consultare l'Appendice in cui viene narrata la vicenda sulla caduta dell'angelo ribelle *(testo apocrifo extra-biblico)*, scopriamo che già prima ancora della creazione dell'uomo, il famoso angelo di Luce aveva un certo "caratterino" per niente degno di un angelo, specialmente trattandosi del "braccio destro di Dio". Se volessimo dirla giusta è stato proprio lui IL PRIMO ad aver "peccato" contro Dio, ed in vista di questa ribellione da parte della creatura prediletta, Dio stesso si sentì in dovere di dire all'uomo *"Mi raccomando, almeno tu dammi ascolto!"*
Non furono gli Adàm i primi a "peccare".

CAPITOLO 5
Domanda e Risposta

Questo capitolo lo dedicheremo alle varie domande che mi sono pervenute negli anni da parte di tante persone, molte delle quali mi hanno sempre chiesto quasi le stesse cose e perciò ho deciso di darne in questo testo una spiegazione per tutti. Alcune considerazioni potranno risultare familiari al lettore in quanto già esposti in precedenza.

Il lettore consideri questo capitolo come una rubrica delle
FAQ
FREQUENTLY ASKED QUESTIONS
DOMANDE FREQUENTI

Le 10 piaghe d'Egitto

Il tema sulle piaghe d'Egitto ha da sempre acceso discussioni tra credenti e scettici, tra creazionisti ed evoluzionisti.
Accostandoci alla lettura del testo biblico, iniziando da Esodo 7:14 a Esodo 12:36, vediamo un susseguirsi di calamità naturali piombarsi sul paese d'Egitto.
Chi non conosce ancora la storia di Mosè deve sapere che fu adottato e allevato dalla figlia del Faraone, trovandolo per caso dentro ad una cesta che scorreva lungo il fiume Nilo. Con gli anni Mosè venne cresciuto secondo quella cultura e gli usi di quel popolo. Ebbe anche la carica di principe dell'Egitto. Tutto questo senza che nessuno gli avesse mai rivelato che in realtà di sangue reale egiziano non avesse proprio nulla.

Ad età adulta, quando Mosè scoprì la sua vera identità, ovvero che le sue origini non appartenevano al popolo egizio ma al popolo che veniva sfruttato in schiavitù, decise di sciogliere ogni legame con questa monarchia schierandosi contro quelle mura che lo avevano accolto, nutrito, cresciuto, formato ed educato.

Credo che inizialmente Mosè si dovette ritrovare in un pesante conflitto emotivo e psicologico, dovette pensarci più volte prima di abbandonare tutto quel contesto regale, ma l'attrazione che aveva verso il suo vero popolo di appartenenza era ben più forte dei suoi legami egizi materiali ed affettivi. La chiamata di Yavèh era forte.

Mosè scopre e realizza che Yavèh è effettivamente il Signore di tutte le cose, il Signore di un popolo che doveva ancora nascere. Yavèh dunque lo ha guidato, consigliato, consolato e assistito durante tutto il suo cammino futuro.

Il piano di Yavèh era quello di servirsi di Mosè per liberare quel popolo dalla schiavitù e non c'era nessuno meglio di Mosè che potesse avere in affido un incarico tanto importante.

Quando Mosè apparteneva ancora all'Egitto, crebbe insieme al suo fratellastro egiziano Ramses, figlio legittimo, il futuro Faraone.

Poi, cresciuto, Mosè dovette confrontarsi proprio con Ramses, con la quale condivise ogni gioia e ogni dolore fin da quando erano ancora dei fanciulli.

Yavèh riferiva a Mosè tutte le istruzioni necessarie sul come rivolgersi al neo Faraone Ramses affinché gli permettesse di lasciare il paese d'Egitto insieme a tutto il popolo ridotto in schiavitù. Non solo il popolo ma anche il bestiame, animali da pascolo e animali domestici che sarebbero dovuti servire come sacrifici in olocausto a Yavèh Elohiym una volta abbandonata la nazione.

Mosè, dunque, essendo il fratellastro dell'attuale Faraone aveva facile accesso presso di lui nonostante lo avesse rinnegato. Perciò iniziò a discutere con Ramses circa le disposizioni ricevute dal suo Elohiym, Yavèh.
Faraone ne volle sapere, ma Mosè ribadiva continuamente dicendo che se lui non gli avesse permesso di lasciarlo andare insieme al suo popolo Yavèh gli avrebbe riversato contro tutta la sua ira attraverso dei segni catastrofici.

Gli scienziati hanno cercato di dare delle spiegazioni razionali in merito alle piaghe avvenute in Egitto ma non solo questo, hanno cercato di dare un senso alla successione cronologia degli avvenimenti affermando che iniziando dalla prima piaga tutte le altre sono state delle conseguenze e successioni "naturali" non dettate da un Dio Onnipotente, ma da *"madre natura"*.
Come anticipo della potenza di Dio, Yavèh disse a Mosè di presentarsi insieme ad Aaronne davanti al Faraone, di gettare per terra il suo bastone ed esso si sarebbe trasformato in serpente.
Quando ciò avvenne nessuno ne rimase meravigliato perché anche i maghi e gli incantatori del Faraone furono in grado di compire un prodigio simile.
Per dare una spiegazione a questo fatto sono state date diverse interpretazioni:

- *Forse gli incantatori avevano dei poteri occulti ricevuti dai loro déi per generare la vita?*
- *Forse fu proprio Yavèh a permettere alle forze occulte dei maghi di operare tali prodigi in vista di questa dimostrazione?*

- *Forse i bastoni dei maghi erano realmente dei serpenti ben addestrati nel rimanere rigidi come il legno e a riprendere vita al loro comando?*

Ad un certo punto, Mosè ed Aaronne sembrano aver fatto una figuraccia davanti al Faraone in quanto anche i maghi sono stati in grado di operare un prodigio simile a quello compiuto dal Dio di Mosè. Subito dopo però accade una cosa che lascia attoniti tutti i presenti, ovvero che il *"serpente-bastone"* di Mosè divorò tutti i *"serpenti-bastoni"* dei maghi del Faraone e ritornò poi ad essere il bastone di prima.
Che spiegazione è in grado di dare la scienza a tal proposito?
Lascio il lettore riflettere su tale quesito. Per avere una panoramica più ampia e più chiara di tutta la successione degli eventi, il lettore volenteroso e paziente è invitato a leggere nella Bibbia tutta la vicenda prima ancora di continuare la lettura di questo paragrafo. Nella tabella seguente si cercherà di esporre la dinamica dei fatti in due chiavi interpretative differenti.
La tabella aiuterà il lettore al confronto delle eventuali le incongruenze tra le seguenti versioni interpretative.

CONFRONTO INTERLINEARE	
visioni bibliche	*affermazioni scientifiche*
Esodo 7:14-25 **ACQUE MUTATE IN SANGUE** L'acqua mutata in sangue infetta i fiumi, i laghi, gli stagni e le paludi adiacenti il Nilo causandone la morte dei pesci. L'acqua potabile mancò per **7 giorni.**	Verso l'età del bronzo, gli egiziani testimoniano di aver visto le acque del Nilo diventare rosse. Quello che scambiarono per sangue era in realtà un'insolita fioritura di alghe rosse, da cui prende il nome il Mar Rosso. Questa fioritura avvelenò le acque uccidendo tutti i pesci...

Esodo 8:1-15 INVASIONE DELLE RANE Mosè dichiara che le piaghe saranno la dimostrazione della potenza del suo El, Yavèh.	...i quali si erano sempre nutriti di uova di rana. Queste uova non ingerite diedero vita a un'infinità quantità di ranocchi che si rifugiarono sulle zone asciutte abitate e li vi morirono.
Esodo 8:16-19 INVASIONE DELLE ZANZARE	
Esodo 8:20-32 LE MOSCHE VELENOSE Yavèh dichiara a Mosè che tale piaga colpirà in maniera specifica solo gli egiziani, risparmiando i figli d'Israele.	I corpi in decomposizione di queste rane attirarono pidocchi e mosche. I pidocchi portavano la FEBBRE CATARRALE che uccise il 70% degli animali da stalla e le mosche diffusero il FARCINO, una infezione batterica che agli uomini e ad animali portò delle pustole fastidiosissime alla pelle.
Esodo 9:1-7 MORTALITÀ DEL BESTIAME Anche in questo caso Yavèh risparmia i possedimenti animali dei figli d'Israele.	
Esodo 9:8-12 ULCERI SU PERSONE E ANIMALI	
Esodo 9:13-35 LA GRANDINE E IL FUOCO Mosè dichiarò al Faraone che sarebbero caduti dal cielo grandine e fuoco ad **un orario specifico** del giorno successivo. Yavèh non colpì con le piaghe i figli d'Israele che risiedevano a Gosher. Ogni piaga cessava quando Mosè pregava Yavèh di smettere.	Vi fu una grande tempesta. In questa tempesta il calore entrato in contatto con il forte freddo generò non solo la grandine ma anche una tempesta elettromagnetica di tuoni e fulmini che agli egizi sarà apparsa come un fuoco dal cielo.

Esodo 10:1-20 LE CAVALLETTE Invasione e distruzione di ciò che ne era rimasto dei raccolti. Si verifica un forte vento orientale.	I venti di questa tempesta trascinarono dall'Etiopia sciami di cavallette che infestarono la regione del Cairo. Le cavallette produssero delle Micotossine depositandole sul grano avvelenandolo.
Esodo 9:13-35 LE TENEBRE IN EGITTO Il cielo si oscurò per 3 giorni.	Durante questo temporale, una tempesta di sabbia invase le terre d'Egitto oscurando i cieli per diversi giorni.
Esodo 12:29-36 MORTE DEI PRIMOGENITI Morirono i primogeniti di tutti gli uomini e di tutti gli animali. Yavèh da precise istruzioni circa le modalità di sopravvivenza dei primogeniti dei figli di Israele. Inoltre, Mosè riferisce al Faraone che a **mezzanotte** l'angelo di morte avrebbe agito.	Poiché in Egitto veniva data doppia razione di cibo ai primogeniti, di ogni età, il grano infettato dalle cavallette ne causò la morte poiché ingerito dai primogeniti in grandi quantità.

Aggiungendo qualche dettaglio possiamo dire che dal momento in cui si verificavano le piaghe i maghi del Faraone cercavano di imitare i prodigi compiuti da Mosè con il suo bastone. Nel testo biblico ci risulta che alcuni prodigi questi maghi riescono effettivamente a riproporli, mentre quelli successivi non ne erano in grado.

Qui il Faraone si rende conto che i suoi déi erano nettamente inferiori al Dio di Mosè, Yavèh era più potente di loro. Costatando che i suoi déi gli avessero voltato le spalle, più volte il Faraone chiede a Mosè di pregare il suo Dio e di avere pietà di lui e del suo paese.

Notiamo che in alcuni casi era Yavèh stesso ad indurire il cuore del Faraone affinché si rifiutasse di lasciare libero il popolo e a sua volta colpirlo con una nuova piaga.

A primo impatto Yavèh da l'impressione di essere un Dio che si diverte a far soffrire l'uomo che non lo adora o che si rifiuta di collaborare con lui. In realtà il motivo per il quale Yavèh agiva in questo modo era semplicemente per il fatto che volesse fargli capire bene quanto Egli fosse grande, più di tutti gli altri Elohiym, compresi quelli egizi.

Finalmente Ramses si convince tant'è vero che è lui stesso a cacciare via Mosè, il suo popolo, il suo bestiame e i suoi armenti. Addirittura Mosè gli chiese anche gioielli e oro e il Faraone pur di non vederlo più gli concesse anche questo. Il Faraone rimase spogliato di tutto ciò che aveva.

Da qui ha inizio l'esodo nel deserto che sarà destinato a durare quarant'anni.

La lettura interlineare dello schema precedente fa notare i parallelismi tra le affermazioni bibliche e le spiegazioni scientifiche e fa notare che comunque le teorie scientifiche siano ricche di coerenze, ma anche di incoerenze. Come al solito, quindi, non possono mancare quelle domande che auto rispondono a se stesse. Tali domande-risposte ci permettono di capire se realmente Yavèh sia stato l'artefice delle piaghe o se si tratta delle conseguenze naturali scaturite dalla prima piaga che è servita come *interruttore* primario:

- *Yavèh disse che avrebbe mutato le acque in sangue. Come poteva prevedere Mosè che si sarebbe verificata una cosa simile se gli scienziati ritengono sia stata una semplice ed insolita fioritura naturale di alghe rosse?*

- *A prescindere da che fosse stato o meno Dio, gli egiziani non disponevano di pozzi separati dal Nilo per conservare le acque?*
- *O probabilmente anche le acque dei loro pozzi si mutarono in sangue?*
- *Come poteva prevedere Mosè la successione corretta di tutte le altre piaghe avvenute?*
- *Forse Mosè aveva delle competenze in geologia o qualcuno di più intelligente gliele aveva riferite prima?*
- *Alla settima e alla decima piaga Mosè predisse l'orario specifico in cui sarebbero avvenute le piaghe corrispondenti in quei giorni. Come poteva prevedere anche questo?*
- *In che modo è possibile spiegare che le prime 9 piaghe si siano scagliate in maniera diretta solo ed esclusivamente addosso agli egiziani?*
- *L'area di Tanis, dove risiedeva il Faraone, e l'area di Gasher, dove risiedevano i figli di Israele erano molto vicine fra loro. Infatti viene specificato che le piaghe colpirono* TUTTO *il paese d'Egitto, tranne i figli di Israele e tutti i loro possedimenti.*
- *È possibile che ci sia stata davvero una forza superiore che abbia risparmiato volontariamente i figli di Israele da queste piaghe?*
- *"Facendo finta che..." gli Elohiym egizi esistessero veramente, perché non intervenivano in difesa del loro popolo?*
- *Erano forse consapevoli del fatto che Yavèh fosse realmente superiore a loro?*

Anche in questo caso le domande non sono poche. Senza aggiungere altro, il lettore è invitato a riflettere.

Il Mar Rosso

La nostra ricerca continua con l'analisi di uno degli avvenimenti naturali più spettacolari di tutta la Bibbia, l'apertura delle acque del Mar Rosso.
Era il 1446 a.C. e secondo il libro dell'Esodo, Mosè e il popolo, durante la loro fuga dall'Egitto, ad un certo punto si trovano intrappolati fra le spade sguainate degli egiziani che li stavano inseguendo e la vastità delle acque del Mar Rosso.
Erano in trappola, non avevano scampo.
Improvvisamente soffiò un vento talmente forte che fece ritirare le acque del mare scoprendo la terra.
Quella moltitudine di uomini guidata da Mosè, alla visione di questo fenomeno a loro sconosciuto, ne approfittò per continuare la fuga, riuscendo ad oltrepassare da una sponda all'altra quel corridoio di terra asciutta, e giusto in tempo prima che le acque ritornassero al loro posto e travolgere gli egiziani.

Per i credenti, questo straordinario evento accaduto 3000 anni fa è avvenuto per opera di Dio in persona. Tuttavia, le moderne conoscenze di fisica e fluidodinamica sollevano dei dubbi.
Il Mar Rosso è molto ampio e la sua massima larghezza è di 355 km e ha una profondità media di 490 metri. Dati questi calcoli, in quale punto specifico sia possibile attraversarlo a piedi?
Le supposizioni sono tante, ma alcuni ricercatori della Bibbia indicano lo Stretto di Tiràn nel Golfo di Aqaba, come il punto corrispondente e assai possibile dove potrebbe essersi verificato un avvenimento simile.

In questo punto, il Golfo si riduce a un canale largo appena 12 km e la barriera corallina lo rende il punto meno profondo di tutto il Mar Rosso, ma ciononostante la presenta di queste barriere, esse si trovano ad una profondità di circa 9 metri, profondità sufficiente per complicare la traversata a piedi di migliaia di persone narrata dalla Bibbia.

Tuttavia, c'è il problema dei soldati egiziani e quello che ci chiediamo è *perché essi non riescono a salvarsi? Perché non ebbero il tempo di ritornare indietro?*

La prima cosa che penserebbero i non credenti è il semplice fatto che i dubbi e le domande nate da questo racconto fanno di quest'ultimo una testimonianza inventata dal suo autore per colpire, impressionare e affascinare i lettori presenti e futuri di quel fatto.

Oggi, la scienza può dare una possibile risposta e quello che ci chiediamo adesso è:

- *La scienza moderna ha ragione?*
- *È stato realmente Dio l'artefice di questo avvenimento?*

Una possibile spiegazione scientifica la si può avere osservando un semplice bicchiere d'acqua. Se si riempie un bicchiere fino all'orlo e si soffia con una certa energia notiamo palesemente che l'acqua fuoriesce, allo stesso modo, una forte raffica di vento che soffia su uno specchio d'acqua la *spinge* indietro.

Gli scienziati hanno dimostrato che il vento, spingendo l'acqua indietro, crea un vuoto che viene riempito da un potente muro d'acqua che si crea di conseguenza. Questo fenomeno prende nome di Wind Set Down (*vento che posa* o *vento che fa scendere*).

Questo fenomeno si verifica quando il vento soffia sulla superficie dell'acqua per un certo periodo di tempo, spingendola lontana dalla costa come se fosse risucchiata, abbassando il livello del mare scoprendo così un lembo di terra dove prima c'era l'acqua.
Per far si che la vastità del Mar Rosso possa "dividersi" in due, sarebbe necessaria una tempesta e raffica di vento di immane potenza, anche per attraversare il punto più basso.
Il Wind Set Down, in questo caso, si potrebbe verificare se i venti, fortissimi, soffiassero da una precisa posizione e per un determinato periodo di tempo.
Il "forte vento" specificato nella Bibbia proviene da Nord-Est e soffia per tutta la notte; gli scienziati dicono che, effettivamente, se un forte vento proveniente da quella direzione si verificasse proprio sullo Stretto di Tiràn, il Wind Set Down può dare luogo ad un ponte di terra.
Si stima che un Wind Set Down sufficientemente potente tale da "separare" le acque, debba avere una forza tale da soffiare per almeno 100 km/h, e anche quando questa forte raffica di vento possa rendere difficile il passaggio di una moltitudine di persone, non è impossibile che ciò accada.
Solitamente gli uragani e i cicloni hanno origine in mare aperto, le condizioni climatiche e geografiche del Golfo di Aqaba non permetterebbero mai che tali uragani si verifichino perché sono circondate dalla terra asciutta, ma dei rivelamenti geologici attraverso dei super computer hanno dimostrato che effettivamente non è assolutamente impossibile che un violento tifone di quelle proporzioni possa verificarsi nel Mar Rosso, e date le scarse possibilità di un avvenimento simile, resta comunque di fatto che tale fenomeno potrebbe verificarsi una volta ogni 2400 anni.
La probabilità è scarsa, ma scientificamente possibile.

Analizzando la Bibbia, scopriamo che Essa ci racconta che il vento impetuoso o *"tempesta perfetta"* soffiò per tutta la notte e per una durata complessiva di 12 ore, separando le acque per un periodo di 4 ore prima che si richiudessero, dopodiché si fermò improvvisamente e le acque ritornarono al loro posto immergendo e travolgendo tutto ciò che trovavano.

- *Com'è possibile che la moltitudine di uomini, donne, bambini, animali, bestiame e carri possano aver attraversato in così breve tempo questo tratto di mare?*
- *Si tratta davvero di una moltitudine di uomini, in numero di migliaia, o invece si tratta di un gruppo di persone?*

Ciò che secondo gli scienziati fa nascere il dubbio è la traduzione errata dell'ebraico biblico.
Nell'antico ebraico, una singola parola o lettera poteva avere più significati, come per esempio la lettera o il termine [ALEF] א, che abbiamo già analizzato in precedenza, oltre a significare "migliaia" nel caso di Esodo, significa anche "gruppo" o "truppa".
Una "truppa" egiziana era composta da soli 10 uomini e se dovessimo tener presente questo, il calcolo da fare non è dividere 650.000 uomini per 20. Ma 5000 per 20. E sommando donne e bambini si arriva a 20.000 persone, una cifra decisamente più ragionevole. Sempre gli scienziati affermano che se la moltitudine di persone che oltrepassò il Mar Rosso fosse stata realmente di circa 20.000 unità, è assai possibile che in 4 ore si possa percorrere una distanza di 12 km, proprio come quella che separa le sponde dello Stretto di Tiràn.

Riguardo alla durata di questo "soffio", la Bibbia ci dice che nel momento in cui Mosè stese la mano sul mare il vento si fermò all'istante. Viene specificato che il vento soffiò per 12 ore, ma Mosè non lo seppe in anticipo, solo dopo che esso cessò di scatenare la sua forza. Quindi, è chiaro che non si tratta di una mera coincidenza, di fortunato tempismo o di una conoscenza della meteorologia ma è evidente che il popolo guidato da Mosè, a sua volta era guidato e "protetto" da *Qualcun altro*.
Dio stesso mostra coerenza con i prodigi che compie servendosi delle stesse leggi naturali che Lui stesso ha fissato e creato.
Com'è possibile che tutta la moltitudine di uomini si sia potuta salvare, mentre dei soldati egiziani non ne fu risparmiato nemmeno uno?
Il Wind Set Down quando cessa di soffiare non da il tempo di poter fuggire, è una questione di attimi che le acque ritornino al loro posto generando il rientro di un muro d'acqua di proporzioni immani e catastrofiche.
Mentre il popolo oltrepassava il mare, Dio sbarrò la strada agli egiziani ponendosi d'innanzi a loro come un ostacolo e barriera in forma di fuoco. Quando Yavèh vide che il suo popolo era a "buon punto" permise agli egiziani di continuare l'inseguimento, ma senza successo.
Anche in questo caso, come nelle piaghe d'Egitto, Yavèh decise di sua spontanea volontà di *"risparmiare i Figli d'Israele"*.
Il Faraone, assistendo a quella scena terrificante, se ne ritornò nei suoi palazzi, abbattuto e sconfitto per l'ennesima volta. Yavèh dimostrò ancora una volta di essere il *"più grande tra tutti gli Elohiym"*.

La Bibbia non è "un libro"

Studiare o leggere un libro significa accostarsi ad esso leggendolo dall'inizio alla fine. Lo stesso vale per la Bibbia in quanto va letto da Genesi all'Apocalisse. Chi sostiene di essere uno studioso dei Testi dovrebbe essere al corrente di una panoramica generale di tutta la Bibbia, Antico e Nuovo Testamento. Molte affermazioni che si trovano nell'Antico Testamento sembrano non avere alcun fondamento se non associate allo studio del Nuovo Testamento.
Chi si ostina a studiare l'Antico Testamento tralasciando il Nuovo, commette un grande errore *(peccato di presunzione potremmo dire)* poiché le Scritture non si fermano con il libro di Malachia, ma proseguono dai Vangeli fino all'Apocalisse.

Quando si inizia a leggere un libro, pagina dopo pagina iniziano ad emergere le identità dei vari personaggi, chi sono, cosa fanno, perché lo fanno, dove vivono, cosa dicono e perché lo dicono... magari chi dall'inizio sembrava essere il "cattivo" della storia in realtà alla fine della lettura si rivela essere proprio il buono, mentre chi dall'inizio sembrava essere il "buono" alla fine risulterà essere il cattivo.
Insomma, le storie, le narrazioni, i romanzi sono ricchi di colpi di scena e suspense e le circostanze dell'ambientazione, dei fatti e dei personaggi possono stravolgersi rivelandosi completamente differenti da come ci si sarebbe aspettati fin dall'inizio.
La Bibbia funziona grossomodo nella stessa maniera, va letto come un libro nonostante non sia un libro come tutti gli altri *(non è necessario cominciare dall'inizio, purché si legga tutta)*.

Ad un semplice versetto si può far dire tutto ciò che si vuole, ma se letto alla luce di tutto il contesto che sta prima e dopo quel versetto, allora scopriamo che il senso cambia.
Proprio come accade in un qualunque libro di narrativa, se la Bibbia venisse letta solo in parte e non integralmente, il messaggio che vuole dare risulta incomprensibile o peggio ancora differente da ciò che vuole realmente dire.
Quindi, senza avere una panoramica generale del contesto, i dubbi saranno maggiori.

Alla luce delle affermazioni bibliche sui fatti che accadono durante tutto l'Antico Testamento, sia il messaggio di Dio, la sua personalità e sia molte interpretazioni sulla sua figura risultano al quanto ambigue tanto da suscitare tantissimi dubbi, far supporre tantissime teorie e dando libero sfogo alle più fantasiose supposizioni. Vale a dire che in tanti sostengono che il Dio della Bibbia non è lo stesso Dio d'Amore che viene predicato dentro le Chiese.
E su questo non ho nulla in contrario, basti vedere le divisioni e il malcontento che vi sono al loro interno!
Viene pure affermato che leggendo la Bibbia direttamente dai testi originali si scopre che in realtà non esiste un Dio trascendente per come lo credono gli ebrei e i cristiani, ma esistono diverse divinità, ciascuna per ogni popolo, ciascuno con diverse sfaccettature. La Bibbia non parlerebbe di monoteismo, ma di politeismo.
Yavèh è l'Elohìym esclusivo di Israele, mentre gli altri popoli avrebbero un proprio Elohìym.
Molte affermazioni bibliche effettivamente danno realmente l'idea che esistano diversi déi, per esempio quando Yavèh afferma a Mosè *"non avere altri Elohìym sopra di me"* a primo impatto possiamo constatare in maniera chiara e diretta

che Yavèh stesso (uno dei tanti déi) auto dichiarerebbe di non essere l'unico Elohìym, ma ce ne sono altri.

La tradizione ci insegna che esiste un solo Dio unico e universale, mentre la Bibbia fa notare un piccolo particolare, ma molto importante da prendere in considerazione: *che motivo avrebbe Yavèh di essere geloso? Si può essere gelosi di "fantasmi" che non esistono?*

Vi sono altri passi, invece, che figurano Dio come un uomo in carne ed ossa, che non è eterno e che è soggetto alla morte, che ha necessità di spostarsi con un mezzo di trasporto volante quando gli risulta difficile farlo a piedi e addirittura che sente il bisogno di comunicare con gli Adàm attraverso delle apparecchiature radio trasmittenti.

- *Dio ha veramente bisogno di servirsi di un mezzo di trasporto? Per esempio un oggetto volante non identificato.*
- *Il Dio biblico trascendente ha la reale necessità di dover camminare a piedi per spostarsi? Eppure Adamo ed Eva lo sentirono "camminare" nel giardino quando si accorsero di essere nudi.*
- *Yavèh sente il bisogno di chiedere informazioni quando non sa qualcosa: "Adamo, dove sei, dove ti nascondi?"*
  - "Caino, dov'è tuo fratello Abele?". Addirittura chiede il "permesso" a Mosè di scaraventare la sua ira verso quel popolo che adorava il vitello d'oro: "Lascia che io vada su di loro e che li annienti!".
- *Cos'è la "Gloria" di Dio?*
- *Si tratta di un'energia straordinaria scaturire dalla sua stessa persona o proprio del mezzo di trasporto*

attraverso il quale Yavèh si serviva per spostarsi nei cieli e in mezzo al suo popolo a grande velocità?
- *Cos'era l'Arca dell'Alleanza?*
- *I Cherubini sono davvero quelle figure alate, candide ed eteree che la tradizione ci ha inculcato?*

Si potrebbe fare una lista lunghissima delle ipotesi per i quali Dio non risulterebbe il Dio che noi conosciamo e che ci è stato insegnato di essere. Domande che mi sono posto io in primis e che mi hanno posto a loro volta diverse persone, ma ci riserveremo ad elencarle alla fine del libro.
Quando a questi studiosi gli si viene chiesto di accostare le loro supposizioni ed interpretazione alla luce del Nuovo Testamento essi si tirano indietro affermando *"noi ci occupiamo solo di Antico Testamento"*, e proprio come si direbbe, *qui casca l'asino*.

Durante i miei anni di studio, non poche sono state quelle persone ad avermi chiesto chiarimenti in merito alla figura di Dio, in quanto, attraverso molti passi, Egli sembrerebbe essere più una figura viva in carne ed ossa che la figura divina trascendente, potente e piena di gloria. Infatti, tutti coloro che mi hanno chiesto spiegazioni in merito a questa presunta *non divinità* di Dio mi hanno posto quasi la stessa domanda:

E SE IL DIO BIBLICO FOSSE UN UOMO IN CARNE ED OSSA?
Da un punto di vista letterale, quindi grammaticale, nell'AT ebraico non viene mai menzionata la parola Dio, cioè non esiste questo termine ma bensì Elohiym, Elyon, Eloah, Eloheka, El, Yavèh ecc.
Il termine "Elohìym" vuole indicare l'Essere Supremo, colui (o coloro) che ha vita in se stesso, l'Eterno. Mentre il termine Yavèh vuole fare una netta differenza in quanto tale individuo

rappresenti uno degli Elohìym tra i quali se ne auto attribuisce l'assoluta supremazia.

Il termine "Dio", quindi, sarebbe errato, ma viene comunque usato per generalizzare il senso astratto del termine.

Potremmo paragonare il vocabolo "Dio" con il termine "Trinità", entrambi vogliono rendere semplicemente l'idea di un concetto e non di una realtà fisica e palpabile.

"Non vi siano altri Elohiym sopra di me!" è questo ciò che dichiara Yavèh stesso, ci sono altri Elohiym come lui, ma tra i tanti lui è quello che sta più in alto (Elyon). Esamineremo questo passo tra poco.

Yavèh e i suoi "colleghi"

Yavèh era un Dio solitario o c'erano altri déi?

Esodo 15:11

יְהוָֽה	בָּֽאֵלִם֙	מִֽי־כָמֹ֤כָה
Yehowàh	elìm-ba	mokà-ka-mi
Signore	déi-*gli*-fra	*te*-come-proprio-*è*-chi?

Il termine [elim] non ha nulla a che vedere con il nome Elohiym. Il nome Elohiym, quando si riferisce a Dio, è sempre accompagnato da un verbo al singolare. Elohiym è in forma plurale, mentre il verbo o l'azione che compie è sempre al singolare, tranne in un caso che vedremo in un prossimo intervento.

È facile capire che gli Elohiym *(più individui)* compiono un'azione al singolare; sarebbe come se dicessimo [vayòmer Elohiym al Moshé] *"e gli Iddii disse a Mosè" (letteralmente: e disse gli Iddii a Mosè).*

Con il termine [elim] - *plurale assoluto* - si riferisce alle divinità secondarie perché di Elohiym ce n'è **uno solo**, ma di [elim] ce ne sono tanti.

Il fatto che ci siano altri [elim] non vuol dire che Yavèh fosse in loro *compagnia*; questo lo testimonia il nome stesso Elohiym che è un plurale; anche [elim] è un plurale, ma non riferito agli Elohiym. Per rispondere a questo "dubbio" - *in realtà non c'è nulla di così dubbioso* - possiamo leggere

Esodo 20:3

עַל־פָּנָֽיַ	אֲחֵרִ֖ים	אֱלֹהִ֥ים	יִֽהְיֶֽה־לְךָ֛	לֹ֣א
panàya-al	akerìm	Elohiym	lkà-yheyeh	lo
mia-faccia-su	altri	Iddii-*degli*	siano-vi	non

Esodo 20:5

לֹא־תִשְׁתַּחֲוֶה	לָהֶם	וְלֹא	תָעָבְדֵם	כִּי
tishtakvè-lo	hèm-la	lò-ve	taàvdèm	ki
adorare-non	loro-a	non-e	*loro*-servire	poiché

אָנֹכִי	יְהוָה	אֱלֹהֶיךָ	אֵל	קַנָּא
anokì	Yehwàh	eloheka	el	qannà
Io	Signore	Iddìi-*degli*	Dio-*sono*	geloso

Una traduzione letterale di **Esodo 20:5** ci mette alla luce di un'importante chiave di lettura che nelle nostre più comuni traduzioni non abbiamo. Nelle traduzioni *(errate)* troviamo scritto *"sono un Dio geloso"* mentre è corretto scrivere *"sono Dio geloso"* proprio perché l'articolo indeterminativo "un" non c'è.

Questo particolare fa notare che Dio non si identifica come *"uno dei tanti"*, ma come IL DIO.

Dio ha ragione ad essere geloso perché come detto prima, di Elohiym ce n'è uno solo e di elim ce n'è tanti.

Yavèh e Mosè, due amici

Il passo seguente ha dato un libero sfogo d'appoggio a coloro i quali pensano che Dio sia un uomo in carne ed ossa.

- *Potrebbe mai un uomo guardare Dio faccia a faccia? Eppure così sta scritto.*
- *La gloria Dio non lo carbonizzerebbe all'istante? O questa "gloria" sarebbe qualcos'altro?*

Esodo 33:11

אֶל־פָּנִים	פָּנִים	אֶל־מֹשֶׁה	יְהוָה	וְדִבֶּר
panìm-el	panìm	Moshè-el	Yehwàh	dibèr-ve
facce-a	facce	Mosè- verso	Signore- *il*	parlava-e

אֶל־רֵעֵהוּ	אִישׁ	יְדַבֵּר	כַּאֲשֶׁר
hu-reé-el	ish	yedabèr	ashér-ka
suo-amico-verso	uomo	parla	che-come

La parola [reéhu] עֲרֵהוּ rE *amico suo* o *suo amico*, è costituito dal temine [reè] רֵע ere *compagno, amico*.

La desinenza Wh [hu] è il pron. poss. "suo";

Il versetto non dice assolutamente che Dio sia un uomo, ma vuole porre una *similitudine* più che un'uguaglianza;

La parola [ka-ashér] כַּאֲשֶׁר è formata dai termini [ka] כְּ e

[asher] אֲשֶׁר], la preposizione כְּ indica una similitudine.

C'è da aggiungere che un uomo non ha le facoltà di poggiarsi su una nuvola, dal punto di vista della fisica è impossibile. Solo un caso particolare viene menzionato dalle Scritture riguardo ad un uomo che ha potuto compiere una cosa simile e lo troviamo in **Atti 1:9** dove Cristo, già risorto, vivente in carne ed ossa, *fu elevato* per aria ed *accolto da una nuvola* finché non scomparì dagli occhi di quanti erano li nel posto.

Ad ogni modo le Scritture non menzionano affatto che Dio se ne stava su di una nuvola volante ma si parla di *colonna di nuvola*. Dio (Yavèh) è Spirito e in questo frangente non appare con alcuna sembianza di uomo, per questo ci penserà molto più tardi, come già detto, Cristo.

Attraverso questa colonna di nuvola Dio parlava a Mosè, *senza farsi vedere* perché, come sta scritto in **Esodo 33:20** *"Dio disse: Tu non puoi vedere il mio volto, perché l'uomo[108] non può vedermi e vivere"*.

Leggendo questo versetto possiamo capire che il *"faccia a faccia"* non va considerato in maniera letterale.

Mi è capitato più volte di sentir dire a diversi credenti di aver visto il *"volto di Dio"*. È chiaro che per *"volto di Dio"* non si intende la faccia in senso materiale, ma l'opera che Dio stesso ha compiuto nella loro vita, un'esperienza personale che gli ha permesso di "vedere" qualcosa di grande.

Gesù affermò *"chi ha visto me ha visto anche il Padre"*, quindi attraverso la trascendente esperienza vissuta con la sperimentazione dell'amore di Cristo nella propria vita, i credenti hanno così potuto sperimentare ciò che scaturisce dal volto di Dio, ovvero l'Amore per mezzo di Cristo. La stretta relazione che c'è tra l'affermazione biblica *"faccia a faccia"* e l'affermazione umana *"ho visto il volto di Dio"* va intesa in senso figurativo.

---

[108] Il termine usato per "l'uomo" è הָאָדָם = *ha'adam* - quindi "essere umano"

Yavèh e gli altri Elohiym

In questo paragrafo noteremo la differenza che c'è tra il testo originale e la traduzione di Esodo 18:11. La traduzione della versione Nuova Riveduta dice *"Ora riconosco che il Signore è più grande di tutti gli déi; tale si è mostrato quando gli Egiziani hanno agito orgogliosamente contro Israele"*.

La traduzione parola-per-parola invece dice:

עַתָּה	יָדַעְתִּי	כִּי־גָדוֹל	יְהוָה
attà	yadattì	gadòl-ki	Yehwàh
adesso	sapere-*io*	*è*-grande-che	Signore-*il*

מִכָּל־	הָאֱלֹהִים	כִּי	בַדָּבָר
kàl-mi	ha-elohiym	ki	va-davàr
tutti-di-*più*	*i*-dèi	poiché	in-parola

אֲשֶׁר	זָדוּ	עֲלֵיהֶם:
asher	tzadù	al-ehèm
(attraverso)che	arroganza-loro-*stessa*	sopra-contro-*loro*

In questo caso, il termine Elohiym non si riferisce agli Elohiym di cui Yavèh ne fa parte, ma allude agli Elim degli altri popoli proprio perché il termine non è accompagnato dal verbo al singolare. Questo ci fa capire che gli egiziani erano talmente devoti ai loro déi e idoli tanto da paragonarli al vero e unico Elohiym "supremo".

Tengo a precisare però che né il termine [Mitsràim] מִצְרַיִם "egiziani" né il termine [Ysraèl] יִשְׂרָאֵל "Israele" non compaiono nel testo originale.

Il versetto 11 si riferisce sì agli Egiziani e a Israele, come sott'intesi, ma non li menziona.
- *Perché, dunque, si deve aggiungere qualcosa che testualmente non sta scritto?*
- *Quante incongruenze si possono trovare nelle nostre traduzioni alle quali il lettore ne è costantemente sottoposto anche a motivo della sua sconoscenza della lingua biblica?*

Ietro - *l'interlocutore del versetto* - mette in evidenza che Yavèh è più grande di tutti gli altri déi. A confermare questa "grandezza" è stato Yavèh stesso facendo in modo che gli egiziani si ritrovassero rivoltata contro la stessa arroganza con la quale avevano maltrattato Israele. Un po' come il *"chi la fa, l'aspetti!"*.
Il vero Elohiym si beffa con molta disinvoltura delle divinità egiziane. Il prefisso [kal] lK' indica la totalità di qualcosa, un "tutto" nella sua completezza ed è riferito quasi sempre a Dio. Tuttavia, se Ietro conferma che Yavèh è grande più di tutti gli altri déi, significa che è supremo sopra di essi e sopra ogni cosa.

Soffermandoci solo alla lettura dell'Antico Testamento è giustificabile non concepire l'idea che il plurale Elohiym sia riferito alla realtà trina rivelata in maniera parziale - *perché è un plurale che non rileva un numero specifico di individui*; mentre, leggendo il Nuovo Testamento, possiamo avere una visione più chiara attraverso Cristo, parte integrante del vero Elohiym, che rivela questa Trinità in maniera completa.

L'immagine degli Elohiym

L'immagine e la somiglianza di Dio farebbero comparire gli Elohiym come esseri in carne ed ossa. La somiglianza e l'immagine vengono interpretate come fattezze fisionomiche, proprio come le fattezze che eredita un bimbo dai loro genitori. Colore della pelle, degli occhi e dei capelli, conformazioni fisionomiche del naso, della mandibola, la stessa costituzione fisica... *(proprio come Lamek che sospettava di Noè l'essere il "figlio degli déi" a motivo di queste fattezze)* questo dimostrerebbe ancora una volta che gli Elohiym erano degli uomini come noi. Ma questa interpretazione è errata.

וַיֹּאמֶר	אֱלֹהִים	נַעֲשֶׂה
yomèr-va	Elohiym	asèh-na
disse-e	Idii	facciamo

אָדָם	בְּצַלְמֵנוּ	כִּדְמוּתֵנוּ
adàm	nu-tsalmè-be	nu-dmutè-ki
terrestre	nostra-immagine-in	nostra-somiglianza-come

Da notare che il verbo "disse" [YOMER] וַיֹּאמֶר aYOœ è al singolare (non sta scritto *dissero*) e il verbo "facciamo" [ASÈH] נַעֲשֶׂה[] è al plurale (non sta scritto *faccio*). Con una mente più attenta[109] *(e più aperta)* si può capire che questi individui, prima di "fare" l'uomo, si consigliano. Nessuna delle "entità" agisce se prima non si è stabilito tutti insieme "il da farsi". Nel

---

[109] 1 Cronache 28:19; Giobbe 38:4; Salmo 119:66, **73**; Proverbi 2:6; 3:13; 4:7; 7:4; 9:10; ecc.

momento in cui si è arrivati ad una decisione, tutte le entità racchiuse nell'unico Elohiym, "fanno" ciò che è stato deciso. Compiono l'azione tutte insieme. Se fosse stato scritto esplicitamente che a "fare" l'uomo sia stato Yavèh, allora dubito che avremmo trovato scritto "facciamo". In quel momento Elohiym *"ha detto"* e allo stesso tempo *"hanno fatto"*. E perché no, Yavèh *ha detto* e insieme agli altri rappresentanti *ha fatto*. Il Dio biblico, così come la tradizione insegna, non è materia, ma bensì Spirito [ru-àh]; è deducibile il fatto che Elohiym abbia "sembianze" impossibili da descrivere perché mai nessuno lo ha visto veramente, a parte Adamo, Enoc, Mosè, Ezechiele, Elia ecc. A questo punto si potrebbe definire Dio come l'acqua, informe *(che assume la sua forma in base al contenitore che lo tiene, L'acqua contenuta dentro un bicchiere, o gli oceani contenuti dalla terra)*. Invece, l'Universo creato da Dio, che è infinito (per l'uomo), non potrà mai "contenere" Elohiym, perché Elohiym stesso è l'Infinito, che va ben oltre quell'infinità "limitata" che Lui ha creato - *Giobbe 11:6; Salmo 90:2; 147:5.*
Mi permetterei di dire che *"Elohim è in grado di contenere l'Universo nel palmo della sua "mano""*. Come sostengono molti, che *"gli Elohim erano degli uomini"*; magari avrebbero potuto esprimersi meglio dicendo che l'uomo ha le stesse *"sembianze antropomorfe"* che hanno questi Elohiym, ma sarebbe stato comunque un concetto sbagliato perché, ripeto, Dio è Spirito e non materia.
L'immagine e la similitudine di Dio non indicano qualcosa di fisico. **Giovanni 4:24** *"Dio è Spirito..."*[110]
Il **Salmo 8:4-8** ci fa capire che Dio ha creato l'uomo di poco inferiore a Lui e, siccome Dio domina su tutto, ha voluto dare

---

[110] Ecco il motivo per cui io insista a far leggere a tutti il NT, che aiuta a comprendere i *"misteri"* dell'AT.

lo stesso, o *simile "potere di dominio"* anche all'uomo, non su tutto il creato, ma solamente su tutto ciò che calpestano i suoi piedi e tutto ciò che ha vita e respira - **Genesi 1:26**

Un esempio di *"immagine e somiglianza"* di Elohim lo è anche la *"libera scelta"* dell'uomo, LA PERSONALITÀ: *Genesi 2:16, 17; Deuteronomio 30:19*;

Dio creò:
1. la vegetazione *(materia)*;
2. poi gli animali *(materia + anima)*;
3. e poi l'uomo *(materia + anima + spirito = un uomo capace di intendere e di volere: volontà, sensazioni, carattere, personalità, stati d'animo).*

Un altro esempio di *"immagine e somiglianza"* di Elohiym *(Padre, Figlio e Spirito Santo)* lo è anche la "tripla" natura dell'uomo; spirito, anima e corpo. Una piccola parentesi ci impone, se così vogliamo dire, a dover esaminare un passo molto importante, Giobbe 3:19

כִּי	מִקְרֶה	בְּנֵי־	הָאָדָם
ki	qerè-mi	-banè	adàm-ha
poiché	sorte	di-figli	terrestre-lo

וּמִקְרֶה	הַבְּהֵמָה	וּמִקְרֶה	אֶחָד
qerè-mi-u	behema-ha	qerè-mi-u	echàd
di-sorte-e	animale-lo	sorte-da-e	(uni)uno

לָהֶם	כְּמוֹת	זֶה	כֵּן
hèm-la	mot-ki	tzè	ken
altri-a	morente-come	tale	stabilito

מוֹת	זֶה	וְרוּחַ	אֶחָד
mot	tzè	ruàch-ve	echad
morente	medesimo	(soffio)spirito-e	(unico)uno

לְכֹל	וּמוֹתַר	הָאָדָם	מִן־הַבְּהֵמָה
kol-la	mutàr-u	adàm-ha	behemà-ha-min
tutto-a	preminenza-e	terrestre-lo	animale-lo-da

אָיִן	כִּי	הַכֹּל	הָבֶל:
aìn	ki	kol-ha	vel-ha
niente	poiché	tutto-lo	vanitoso-lo

Secondo le nostre traduzioni, in sintesi, il passo dice che all'uomo tocca la stessa sorte degli animali, così come muoiono gli uni muoiono gli altri; e fin qui nulla di anomalo. Inoltre, tutti sarebbero in possesso dello stesso [ruàch-spirito] e l'uomo non avrebbe alcuna superiorità sugli animali, in quanto simile a lui; e l'anomalia sta proprio qui.

Questa traduzione va in netta contraddizione a Genesi 1:26 dove si dice *"[...] e abbia[111] dominio sui pesci del mare, sugli uccelli del cielo, sul bestiame, su tutta la Terra e su tutti i rettili che strisciano sulla Terra"*.

Ricorrendo alla nostra fedele traduzione parola-per-parola scopriamo in realtà, e molto chiaramente, che nella citazione *"e preminenza (superiorità) de-lo-terrestre da-lo(su)animale"* non vi è la presenza della *negazione*.
È palesemente evidente che una traduzione errata fa capire esattamente l'opposto

---

[111] Alcune versioni bibliche traducono il verbo avere con il plurale *"abbiano"*. La traduzione andrebbe incontro ad una contraddizione in quanto viene scritto *"Facciamo l'uomo [...] ed essi abbiano il dominio..."*.
Perché se "uomo" è scritto al singolare, il verbo viene tradotto al plurale?
O si riferisce all'uomo e la donna insieme, oppure si riferisce al fatto che con molta probabilità Adamo ed Eva non erano soli?

LA BIBBIA NON SI CONTRADDICE, È PERFETTA!

Se l'uomo e gli animali siano dotati dello stesso [ruàch-spirito-soffio] non lo sappiamo con certezza in quanto la Genesi non ne parla. Tuttavia viene specificato solo che *"Elohiym...*:

חַיִּים	נִשְׁמַת	בְּאַפָּיו	וַיִּפַּח
chaìm	nishmàt	apayv-be	ypàch-va
vite	di-respiro	narice-in	emettere-e

Del [ruàch-spirito] non se ne fa menzione.

In Genesi 1:20-21,24 Elohiym crea le [NÈFESH CHAYÀH] חַיָּה נֶפֶשׁ (anime viventi) senza specificare alcun "soffio", mentre è stato solo l'uomo ad aver avuto il privilegio di ricevere il [NISHMÀT] da Elohiym in persona.

Se i commentatori continuassero a dare le loro interpretazioni potrebbero dire: *"anche Elohiym allora è "materia" visto che ha dato la Sua immagine "trina" all'uomo"*. Io risponderei dicendo che *"Dio si è fatto uomo per mezzo di Cristo, millenni più tardi"*.

L'uomo rispecchia davvero l'immagine e la somiglianza di Dio?
Allo stato attuale, se così fosse, potremmo dire che Dio è un dio malvagio, corrotto e ingiusto: attributi che si addicono perfettamente all'uomo, non al Dio biblico dell'Antico Testamento, lo stesso del Nuovo Testamento. Per fare in modo che l'uomo potesse riacquistare la vera *immagine e somiglianza* in Lui, riacquistare i privilegi che lo riempivano di gloria, Elohiym ha escogitato un piano glorioso attraverso

la Grazia che si può avere **solo** per mezzo di Gesù, che è uno degli "individui" parte integrante degli Elohiym.

Ricordiamo che Dio trasse l'uomo [ADÀM] אָדָם dal suolo e, leggendo il significato del termine ebraico per indicare "terra, suolo" [ADAMÀ] אֲדָמָה - *che significa anche terra rossa* - potremmo dedurre che Dio creò l'uomo dall'argilla o da una terra di origine vulcanica.

L'immagine e somiglianza di Dio nell'uomo, quindi, **consistono in alcuni tratti** *intellettivi, spirituali e morali* dovuti dal *"soffio nelle sue narici"*. Nonostante Dio abbia creato un essere speciale, noi uomini - e *vide Dio che era* ***molto buono*** - bisogna ricordare che in fin dei conti siamo stati fatti dalla polvere e polvere ritorneremo. *Genesi 3:19; 18:27*

Yavèh l'aviatore

Isaia 19:1 *"Ecco, Yavèh cavalca una nube leggera ed entra in Egitto"* ... se questo Yavèh è un "Dio" onnipotente, come mai ha bisogno di un "veicolo volante" (nube) per spostarsi da un posto all'altro?

Al giorno d'oggi, tutti i re, regine e principi della terra hanno un mezzo per spostarsi. I re del passato, come i re del presente, non potevano e non possono andare da nessuna parte senza un mezzo di trasporto, ne tantomeno percorrere lunghissimi tragitti a piedi, perché giustamente sarebbe troppo stancante. Prendiamo come esempio Mosè, che da Principe dell'Egitto si ritrovò nomade per quarant'anni nel deserto. Dio - *che si presentò a lui con il nome* **"Io Sono Colui che Sono"** - gli diede autorità sul popolo d'Israele, eppure fece tanta strada a piedi. Magari fruiva di cammelli o di asini ed era già un lusso.

Oggi, i potentissimi leader della terra, sarebbero capaci di viaggiare tra un continente e l'altro senza un mezzo, ma con le sole proprie "capacità motorie"? Eppure, sono così potenti!
Se il mezzo di trasporto lo usano questi uomini fatti d'argilla, Dio perché non può farlo?
Sta scritto in **Genesi 3:8** *"Poi udirono la voce di Dio il Signore, il quale* **camminava nel giardino** *sul far della sera..."*.
Da come si può notare Dio non ha bisogno di mezzi per spostarsi, può farlo anche da solo, è libero di spostarsi come vuole, o a piedi o in qualunque altro modo.
Ma riflettiamo un attimo: un uomo sarebbe mai capace di cavalcare una nuvola? Non credo proprio, solo Dio può farlo.

Questa domanda può bastare, senza critiche né filosofiche né etiche, per farci capire quanto grande sia Dio e quanto minuscoli siamo noi uomini. Personalmente non baderei ai modi di spostamento di Dio, io Lo ammirerei in quanto sia capace di fare una cosa simile.

Altro esempio in *Esodo 33:22* "*mentre passerà la mia gloria, io ti metterò in una buca del masso e ti coprirò con la mia mano **finché io sia passato...***"

Se analizziamo questo versetto possiamo notare dei particolari non indifferenti:

וְשַׂמְתִּיךָ	כְּבֹדִי	בַּעֲבֹר	וְהָיָה
samtika-ve	kavòdì	avòr-ba	hayà-ve
te-mettere-e	*mia*-gloria	passata	essere-e

כַּפִּי	וְשַׂכֹּתִי	הַצּוּר	בְּנִקְרַת
kapiì	sakotì-ve	tsùr-ha	niqrày-be
mano-della-palmo	coprente-e	masso-il-*di*	fessura-in

		עַד־עָבְרִי:	עָלֶיךָ
		avrìm-ad	eka-al
		là-di-al-fino	oltre-sopra

- in un primo momento il [kavòd-gloria] di Dio si muove verso una direzione;
- in un secondo momento, mentre il [kavòd] si muove, Dio colloca Mosè in un luogo sicuro;
- in un terzo momento, dopo che Mosè è stato posizionato da Dio dentro l'incavo del masso, Dio stesso lo copre e protegge con la sua stessa mano. O vuole proteggere il suo viso o il corpo intero oppure vuole semplicemente coprirgli il viso per non fargli vedere nella sua interezza questa "gloria" in movimento;

- in un quarto momento Yavèh dice *"finché io sia passato"*. Letteralmente vorrebbe dire *"io ti coprirò finché il kavòd non sia passato e io ti abbia tolto la mia mano davanti a te"*.

Da quest'analisi sembrerebbe che la "gloria" non sia un tutt'uno con Dio, perché mentre vediamo la "gloria" passare, Dio si trova accanto a Mosè per coprirlo con il palmo della sua mano.
Analizziamo con più attenzione il termine [kavòd] tradotto comunemente con "gloria".
Il Dizionario *"Theological Wordbook of the OT"*[112] ci da la seguente definizione del termine [kevòd o kavòd] כבד., non cambia di significato se pur scritto in entrambi i modi.

> Il significato di base è *"essere pesante, pesante"*, un significato che è solo raramente usato letteralmente, il figurativo *(ad esempio "pesante con il peccato")* sono più comuni. Da questo uso figurativo è facile arrivare al concetto di persona *"pesante"* nella società, non in senso di *"persona fastidiosa"*, ma qualcuno che è onorevole, impressionante, degno di rispetto.
> Quest'ultimo uso è diffuso in oltre la metà delle occorrenze.

Se la Gloria di Dio viene raffigurata come la sua stessa potenza, che ha un peso nei confronti dell'uomo, come può essere separata dalla figura attraverso la quale essa scaturisce?
Questo strano concetto fa pensare che in realtà il [kavòd] di Dio sia un mezzo di trasporto volante.
Se Dio fosse un individuo in carne ed ossa potremmo dedurre che effettivamente trovandosi vicino a Mosè e lontano da

---

[112] Op. cit. in Bibliografia

questo [kavòd] che si muove, potrebbe trattarsi di un oggetto volante non identificato fornito di eventuale "pilota automatico" o sistema di comando a distanza. Un mezzo di trasporto non può muoversi da solo se non vi è inserito il pilota automatico, specialmente se si tratta di un oggetto volante.

In chiave teologica possiamo trovare una giustificazione a questo avvenimento in quanto alla grandezza di Dio.

"Mentre passerà la mia gloria" e *"finché io sia passato"* sono strettamente collegati perché da come abbiamo potuto leggere prima, questa "gloria" rappresenta il peso o l'importanza di un individuo, in questo caso di Dio. Questa forma di *"peso"* si è manifestata sotto forma di energia, è evidente, non credo sia consono attribuire al [kavòd] un senso di "peso" in quanto un mezzo di trasporto pesante e di notevoli dimensioni, il significato del termine non vuole riferirsi al peso di un oggetto materiale, fisico, ma al peso di importanza che Dio ha.

È evidente che la gloria di Dio è talmente potente e pericolosa all'uomo che Dio stesso si pronta a proteggere Mosè mettendosi davanti a lui, e finché non sia passata, Dio gli fa da scudo. Successivamente Mosè riesce a vedere il kavòd da dietro, mentre davanti era pericoloso.

Da non confondere il passo che dice *"e parlava il Signore a Mosè faccia a faccia"* con il passo *"non può l'uomo vedere il mio [kavòd] e vivere"*. Si tende spesso a fraintendere o a confondere questi due passi. Il [panìm] "volto" di Dio e il [kavòd] di Dio sono due cose distinte e separate.

Quando Yavèh si incontrava con Mosè ed Aaronne dentro la tenda di convegno, Yavèh parlava loro *faccia a faccia* e non accadeva nulla di catastrofico.

Yavèh il guerriero

Ancora una volta, i critici mi hanno sottoposto ad un'analisi di lettura: *"non pensiamo proprio che un "Dio" onnipotente deve combattere, un uomo purtroppo si"*. **Esodo 15:3** *"Yavèh è prode (uomo-Ysh) in guerra, si chiama Yavèh"*. Come nostra buona abitudine procediamo le nostre analisi con la traduzione parola-per-parola:

מִלְחָמָה	אִישׁ	יהוה
milkamà	ish	Yehwàh
guerra-di	uomo	Signore

שְׁמוֹ:		יהוה
u-shem		Yehwàh
suo-nome		*essere*-Signore

Letteralmente [ish milkamà] אִישׁ מִלְחָמָה si traduce con *"uomo [ish] guerra [milkamà]*, quindi guerriero.
Non esiste un termine unico che significhi [guerriero], ma solo due termini accostati insieme che evincono tale significato [uomo-*di*-guerra].
Il termine "prode", che le versioni bibliche ci danno, in realtà non c'è.
Vedete come si può fraintendere attraverso una non accurata traduzione dei testi? Dal Testo originale è semplice da capire poiché il termine [prode] non c'è scritto.
Isaia 42:13 *"Il Signore avanzerà* **come un eroe***, come un guerriero inciterà il Suo ardore..."*

Anche questo versetto dice la stessa cosa, più o meno, mettendo in evidenza la particella che indica una similitudine [come] con qualcosa o qualcuno.

Quando ci capita di osservare le nuvole, la nostra fantasia ci evoca delle immagini tali da definire le loro forme "simili" a oggetti, animali e persone.
Guardando una nuvola potremmo dire *"la forma di quella nuvola è come la forma di un gatto"*, ciò non significa che la nuvola sia un gatto vero e proprio.

Qui bisognerebbe invertire le affermazioni di critici: quando vengono istituiti i dieci comandamenti, questi ultimi sono stati decisi per consentire o proibire all'uomo determinate cose.
Il comandamento "non uccidere" è stato istituito per l'uomo perché esso non ha né il diritto né l'autorità di porre fine ad una vita di sua propria volontà.
L'atto del "non uccidere" implica una serie di cose come il non combattere e non fare guerre, eventi che portano inevitabilmente alla morte di uno o più individui.
Era Dio stesso a comandare agli Israeliti di lottare contro un determinato popolo o per conquistare un determinato territorio. Oggi, invece, Dio è contrario alle guerre quotidiane che si verificano, l'uomo si è dimenticando che è Dio a decidere *il se, il come e il quando* agendo di sua spontanea volontà trasgredendo i comandamenti *"non uccidere"* e *"ama il tuo prossimo come te stesso"*.

Geova è il nome di Dio?

Ritengo che il nome di Dio sia uno degli argomenti maggiormente trattati, fraintesi ed abusati.
Tempo fa all'interno di un mio blog da cui prende nome questo libro, un utente di nome Alessio F. mi scrive:

> *"Ci sentiremmo onorati se un personaggio importante ci invitasse a rivolgerci a lui chiamandolo per nome, visto che spesso si usano titoli come "Signor Presidente", "Sua Maestà" o "Vostro Onore".*
> *Un invito del genere da parte di una tale personalità sarebbe senz'altro un grande privilegio per noi.*
> *Nella sua Parola scritta, la Bibbia, il vero Dio ci dice: "Io sono Geova. Questo è il mio nome". (Isaia 42:8)*
> *Pur avendo anche molti titoli, come "Creatore", "Onnipotente" e "Sovrano Signore", egli ha sempre concesso ai suoi leali servitori l'onore di rivolgersi a lui chiamandolo per nome.*
> *Ad esempio, una volta il profeta Mosè nell'implorare Dio esordì dicendo: "Scusami, Geova". (Esodo 4:10)*
> *In occasione della dedicazione del tempio di Gerusalemme, il re Salomone iniziò la sua preghiera in questo modo: "O Geova". (1 Re 8:22, 23)*
> *E il profeta Isaia, rivolgendosi a Dio in favore del popolo di Israele, disse: "Tu, o Geova, sei nostro Padre". (Isaia 63:16)*
> *È chiaro che il nostro Padre celeste ci invita a rivolgerci a lui usando il suo nome.*
>
> *Anche se è importante chiamare Geova per nome, conoscerlo davvero significa molto di più. A proposito di chi lo ama e ha fiducia in lui, Geova promette: "Lo proteggerò perché ha conosciuto il mio nome". (Salmo 91:14)*
> *È ovvio che, se è un elemento essenziale per ottenere la protezione divina, conoscere il nome di Dio deve comportare molte cose.*
> *Perciò, cosa implica da parte nostra conoscere Geova e il suo nome?"*

Sentendomi in dovere di rispondere sia in chiave teologica che letterale, ed essendo consapevole della sua evidente posizione religiosa, ho risposto all'utente esponendo la vera origine del nome Geova:

"Chiunque avrà invocato il nome del Signore, sarà salvato!" - *l'importante, però, è invocarlo col nome giusto!*
L'importanza del testo originale è cruciale."

I MASORETI E IL NOME DI DIO

"I Masoreti erano degli scribi che hanno fissato la pronuncia e l'accentazione del testo biblico sulle consonanti ebraiche, vissuti dal VII secolo al X secolo d.C.
C'è da sapere che l'ebraico di per sé non ha vocali, ma solo consonanti, mentre i Masoreti hanno aggiunto le vocali e gli accenti, ma non solo: anche la MASORA. [...]
Il duro lavoro dei Masoreti è stato anche quello di preservare il testo da errori e modifiche, e attraverso questo modo di operare, oltre a darci molte chiavi di lettura corrette, questo loro lavoro ci fa capire quanto rispetto essi avevano per il testo della Parola di Dio. Anche in casi evidenti di errore, il testo non veniva toccato, non veniva cambiato e quindi ai margini venivano inseriti gli appunti della Masora con scritto "è scritto, ma non si legga", oppure "si legga, ma non sta scritto" ... in ebraico ovviamente.
I Masoreti hanno dimostrato questo immenso rispetto per le Sacre Scritture soprattutto riguardo al nome di Dio. Nella Bibbia a Dio vengono attribuiti nomi in base alle sue qualità, al suo potere:

El   =   Dio
El Shaddài   =   Dio Onnipotente
Elyon   =   Dio Altissimo
El Olàm   =   Dio d'Eternità
El Ghìbbor   = Dio Potente
YHWH Sàbaoth   = Yavèh degli Eserciti

In casi molto frequenti nella Bibbia, i Masoreti hanno applicato le vocali della parola da leggersi alla parola che sta scritta senza commento a margine (Masora): in questo modo il lettore si trova di fronte una parola inesistente e, con l'aiuto della vocali, pronuncia quella da leggersi.

Il caso più importante di questo tipo di correzione è quello del tetragramma YHWH = Yavèh (tradotto con "Eterno" nella versione biblica "Riveduta").

I Masoreti, per evitare che si leggesse e pronunciasse il nome di Dio, hanno applicato alle consonanti di YHWH (Eterno) le vocali di ADONAI (Signore).
Il risultato del testo è "YEHOWAH" che non ha significato ed è illeggibile per un Ebreo: si tratta infatti di un miscuglio di due diverse parole (come se in italiano mescolassimo Eterno e Signore, prendendo le consonanti della prima e le vocali della seconda: il risultato sarebbe TIRONE, che non ha senso!)
*In questo modo anche il **non ebreo** non pronuncerà mai, leggendo, il vero nome di Dio e all'ebreo verrà ricordato, dalle vocali, di leggere ADONAI.*
Piccola parentesi di grammatica ebraica. [...]
Da YEHOWAH abbiamo la nostra "tradizionale" traduzione di GEOVA Quindi, Geova è il vero nome di Dio? No, affatto!
In parole povere, Geova è il nome che gli ebrei hanno "inventato" per NON pronunciare il vero nome di Dio. Loro lo sapevano che Yavèh non andava letto, quindi leggono ADONAI, ma per fare in modo che i non ebrei non pronunciassero il vero nome di Dio, estremamente sacro, lo hanno "camuffato" con YEHOWAH.

Provate a fare un esperimento voi stessi: mescolate nome e cognome di un vostro amico, prendete le consonanti del suo nome e fondetele insieme alle vocali del suo cognome. Una volta ottenuto il risultato provate a chiamarlo e vedete un pò se si volta.
Credo proprio che l'esperimento non funzioni.
Pensate, quindi, che se chiamassimo Dio con un nome che non è il suo, Egli si volterà?
Per i cristiani Dio è loro Padre e va chiamato "Padre", ma non per nome, tantomeno se il nome è un "nonsenso".

YHWH non dice "chiamatemi per nome", ma "chiunque avrà invocato il nome del Signore (inteso verso Gesù) sarà salvato".
Ma sta altresì scritto: "non chiunque dirà "Signore Signore" vedrà il regno di Dio".

Curiosità

Facendo ritorno allo studio che abbiamo intrapreso nel capitolo in cui si è parlato in merito dell'analisi della lettera [ALEF] a, al suo valore numerico sulla base della creazione; associando questa analisi insieme al nome di Dio possiamo arrivare a fare un'altra ipotesi interessantissima. Rimanendo nel merito di questo paragrafo, ovvero sulla reale identità del nome di Dio, in Esoso 3:14 Yavèh si rivela a Mosè dicendo la celebre frase.

Ehyè ashèr Ehyèh
"Io sono quel che Io sono":

אהיה	אשר	אהיה
ehyèh	ashèr	ehyèh
sono-Io	che-quel	sono-Io
א	א	א
1	1	1

Da notare che anche in questo caso, nel nome rivelato da Yavèh in *"Colui che è"* ritroviamo una sequenza di 3 [ALEF] con il valore numerico complessivo di 3, appunto.

Tre in uno!
Un caso?

Dio crea tutto, ma chi ha creato Dio?

Una domanda che non può mancare al nostro elenco è quella usata per il titolo di questo paragrafo.
Immancabilmente non può mancare una mia personale riflessione sempre in chiave teologica:

- *In relazione all'identità del Dio trascendente biblico, può mai essere generato da qualcun altro?*

Se dietro Dio ci fosse un'altra mente che ha concepito l'idea della creazione e dell'Universo, Dio non sarebbe più Dio, ma ci sarebbe un'altra figura più in alto di lui. Quindi, in definitiva, chi sarebbe questo dio prima di Dio?
Non posso che ricordare la mitologia greca in quanto esistevano le tre figure principali divine: Zeus, Poseidone e Ade. Sono queste le tre divinità principali, padroni del Terra, dei mari e degli inferi.
Però non sono stati loro a creare tutte le cose, a loro venne affidato solo un incarico.
I tre fratelli erano stati generati dalla divinità per eccellenza in assoluto, Chronos, il dio del Tempo.
Così sembrerebbero far intendere le critiche, che al di sopra di Dio ci sia un altro dio per eccellenza, padre di tutte le cose.
A questo punto sorge spontanea la domanda:
- *Se Dio è stato creato da qualcun altro, chi ha creato questo qualcun altro?*
- *Tuttavia questo qualcun altro, da chi è stato generato a sua volta?*

Le domande sembrano non avere mai fine, andando a ritroso nel tempo per tutta l'eternità passata.

Chi ha creato... chi?

Come già detto in un paragrafo dedicato, la Bibbia inizia dicendo che Elohiym creò "i cieli e la Terra" senza soffermarsi su spiegazioni filosofiche che spieghino concretamente l'esistenza del Dio creatore trascendente e onnipotente.

L'esistenza di Dio indica la Sua Eternità, l'inizio e la fine, il primo e l'ultimo, l'alfa e l'omega. Dio non è stato creato da nessun altro perché Lui è il creatore di ogni cosa e non si è nemmeno "auto creato".

[EIEH ASHER EIEH] Io Sono quel che Sono. Io sono l'Eterno, Colui che non ha mai fine, Colui che era, che è e che sarà. Lo stesso ieri, oggi ed in eterno.

Una frase latina formulata da Cartesio dice "COGITO ERGO SUM", cioè "PENSO, DUNQUE SONO" in cui il filosofo esprime la certezza indubitabile che l'uomo ha di se stesso in quanto soggetto pensante.

Un essere pensante è allo stesso tempo vivente perché altrimenti senza *"la ragione, l'istinto, la personalità, l'intelletto"* non potrebbe esistere o se esiste senza queste caratteristiche sarebbe un qualcosa di inanimato.

Se l'uomo riesce a dare una giustificazione in merito alla propria esistenza e alla propria ragione, figuriamoci se non può farlo Dio che è Colui che ha creato ogni cosa, dalla *"zuppa di particelle"* più piccole alle galassie più remote fino alla creazione di un essere complesso e meraviglioso qual è l'essere umano.

Tutte queste cose non sono nate per caso, così come non è stato il caso a stabilire, prima che l'orologio del tempo entrasse in funzione, l'esistenza o la creazione di Dio.

Non avere una risposta concreta a questa domanda fa capire che la mente umana è più limitata di quanto si possa immaginare; non basta essere un'astronauta per essere

classificato come "genio", non basta essere uno scienziato per essere inseriti nella lista degli uomini più intelligenti e facoltosi del mondo che magari hanno ricevuto il Premio Nobel *(di quanti premi dovrebbe essere detentore Dio?)*; si sostiene che l'uomo sia in grado di sfruttare solo una piccola percentuale delle proprie potenzialità e facoltà mentali rispetto a quello che sarebbe in grado di fare realmente. Dove l'uomo raggiunge il suo limite, lì inizia la magnificenza di Dio.
È Lui che ha creato la Scienza perché...

Dio è la Scienza

Non trovate che la Bibbia sia affascinante?

La Bibbia è Parola di Dio

Se sei "curioso" di conoscere un "Dio Uomo", un "Dio in carne ed ossa", che è morto e poi ritornato alla vita, il mio invito personale per te è quello di accostarti alla lettura di tutto il Nuovo Testamento. Nuovi orizzonti ti aspettano, una nuova Via è pronta ad accogliere i tuoi passi, una nuova Verità vuole rivelarsi al tuo cuore e una nuova Vita vuole farti rinascere affinché tu possa vedere cose che prima di adesso non hai mai visto, ne provato nemmeno sperimentato.

Il Nuovo Testamento risponde...

Ai giorni nostri sempre più persone si allontanano dalla fede in Dio, e la causa maggiore sono i falsi insegnamenti biblici nati da dottrine e filosofie che non rispecchiano né il volere né il Corpo di Cristo.

"Guardatevi dai falsi profeti i quali vengono verso di voi in vesti da pecore, ma dentro sono lupi rapaci." **Matteo 7:15**

Al mondo esistono migliaia di istituzioni religiose, tutte praticamente false, poiché queste istituzioni si conformano con i desideri umani e mondani e non con la Parola di Dio che è secondo la Verità.
Questi falsi insegnamenti, attaccano i sogni e le speranze di molti credenti, poiché essendo privi di fondamenta solide, finiscono per provocare inevitabilmente delusioni nella fede, una fede che non rispecchia la VERITÀ.

"La casa costruita sopra la sabbia è destinata a crollare." **Matteo 7:26**
Come conseguenza si è creato un clima di apostasia[113] generale con un aumento di nuove istituzioni che insegnano che non esiste il peccato e che l'uomo è il dio di se stesso.

"Costoro sono del mondo; perciò parlano come chi è del mondo e il mondo li ascolta." **I Giovanni 4:5**

---

[113] Il termine APOSTASIA è il contrario del termine SANTO, in quanto il primo significa "separato da... [Dio]", il secondo significa "separato da... [per Dio]."

Questo clima apostata ha dato origine ad un periodo religioso senza precedenti, che ha aperto le porte ad un movimento chiamato NEOPAGANESIMO, che tratta filosofie di vita che si richiamano ad antiche spiritualità pagane o addirittura negano l'esistenza di Gesù, o se fosse esistito si trattava di un "alieno".
Un sottile inganno che nasconde le fondamenta dell'adorazione a Satana.

"Non avendo conoscenza di Dio, avete servito quelli che per natura non sono déi." **Galati 4:8**

Costoro si sono allontanati dalla Verità; non è più Dio ad insegnare cosa è meglio per l'uomo ma è l'uomo che crede di sapere cosa è meglio per se stesso.

Dai seguaci della New Age, alle varie derivanti da questo movimento Neopagano, tutti quanti si sentono grandi filosofi della vita, maestri superbi e orgogliosi, pronti ad insegnare ad altri teorie ingannose, nella convinzione di essere entrati in possesso della conoscenza dei segreti della vita e della morte.

"Guardate che nessuno faccia di voi sua preda con la filosofia e con vani raggiri secondo la tradizione degli uomini e gli elementi del mondo e non secondo Cristo." **Colossesi 2:8**

Il mio consiglio è quello di stare lontano da coloro i quali, sentendosi grandi maestri e filosofi della vita, vi riempiono di assurde teorie dal linguaggio incomprensibile, nella convinzione di sapere cosa stanno dicendo, ma che in realtà parlano con il proprio orgoglio attribuendo, addirittura, ai termini originali della Bibbia significati inesistenti a sostegno delle loro affermazioni.

"Con l'intelligenza ottenebrata, estranei alla vita di Dio, a motivo dell'ignoranza che è in loro, a motivo dell'indurimento del loro cuore" **Efesini 4:18**

Ingannati nel cuore e nella mente si sono corrotti a motivo della loro superbia, nascondendo in sé spiriti maligni che muovono in loro passioni quali: orgoglio, guadagno, impurità, idolatria, stregoneria ecc.
Negano Gesù Cristo basandosi su false genealogie tratte da documentazioni poco attendibili.
Trasmissioni televisive come Zeitgeist che pensano di demolire la vera identità di Gesù con falsi riferimenti storici, sono la prova di quanto detto poc'anzi.

"Non occupatevi di favole e di genealogie senza fine, le quali suscitano discussioni invece di promuovere l'opera di Dio, che è fondata sulla Fede." **I Timoteo 1:4**

La falsa cristianità.
Come già stato detto in precedenza, la causa maggiore di questa confusione spirituale è la falsa cristianità, in riferimento a tutte quelle istituzioni che, basandosi sulla Bibbia, propongono un altro fondamento, *"un Vangelo diverso"*, in sostituzione di Gesù Cristo, rinnegando totalmente l'autorità di Dio stesso: dalla Cattolica Romana ai Testimoni di Geova, dai Protestanti agli Ortodossi, Ebrei, Mormoni, Musulmani, ecc.
Queste istituzioni sono separate tra di loro come sono separate dal Corpo di Cristo.

"Poiché, come il corpo è uno e ha molte membra, e tutte le membra del corpo, benché siano molte, formano un solo

corpo, così è anche di Cristo (cioè la sua Chiesa)." **I Corinzi 12:12**

"Ogni regno diviso contro se stesso va in rovina; e ogni città o casa divisa contro se stessa non potrà reggere." **Matteo 12:25**

Tutti loro hanno sostituito il vero fondamento, che è in Gesù Cristo, e hanno costruito la loro casa sopra la sabbia perché *"pur avendo conosciuto Dio, non l'hanno glorificato come Dio, né l'hanno ringraziato; ma si sono dati a vani ragionamenti e il loro cuore privo di intelligenza si è ottenebrato."* **Romani 1:21**

Alcuni, come i Testimoni di Geova, Ebrei, Mormoni, ecc. negando l'essere Gesù Dio, hanno rinnegato Dio stesso e la Sua Parola, riguardo alle promesse fatte ai profeti che annunciava la Sua venuta nella carne.

"Perciò l'Adonai stesso vi darà un segno: Ecco, la giovane concepirà, partorirà un figlio e lo chiamerà Immanu-el" **Isaia 7:14**

[Emmanuele] אֵל עִמָּנוּ infatti significa "DIO CON NOI" ed è una parola formata da:

עִמָּנוּ Imma-nu: con-nostra

אֵל El: Dio

In una delle tante profezie, molti secoli prima della nascita di Gesù, il profeta Isaia annunciò che Dio sarebbe venuto in mezzo a noi.

- *Come si giustificano coloro i quali negano che Gesù Cristo sia Dio stesso?*
- *Quale menzogna nasce delle menti di costoro, al punto da essere così ciechi davanti alla Verità inconfutabile e così evidente della Parola di Dio?*
- *Che motivo avrebbe avuto Isaia di preannunciare la venuta sulla Terra di Dio in vesti di "uomo" se si sostiene che Yavèh e tutti gli altri Elohiym della Bibbia siano stati degli individui in carne ed ossa?*
- *Chi sono gli incoerenti, i credenti o i creduloni?*

Gesù disse: *"Prima che Abrahamo fosse, IO SONO."* **Giovanni 8:58**

Oltre a rinnegare la Parola di Dio ai profeti, non riconoscere la venuta di Dio nella carne significa rinnegare la Sua Onnipotenza; infatti, gli uomini potenti della terra tra i quali i re, principi, autorità civili, militari, ecclesiastiche e politiche vogliono eguagliarsi a Dio governando il mondo e i popoli, mentre l'autorità di Dio stesso si è umiliata a diventare carne. È un paradosso, ma è così.

"Essi sono quelli che provocano le divisioni, gente sensuale, che non ha lo Spirito" **Giuda 19**

"Cercano sempre d'imparare e non possono mai giungere alla conoscenza della Verità" **II Timoteo 3:7**

È quindi molto importante non allontanarsi dalla Verità per non cadere nell'errore, e per fare questo la Scrittura ci insegna a non credere ad ogni cosa che ci viene detta: *"Non crediate a ogni spirito, ma provate gli spiriti per sapere se sono da Dio;*

perché molti falsi profeti sono sorti nel mondo. Da questo conoscete lo Spirito di Dio: ogni spirito, il quale riconosce pubblicamente che Gesù Cristo è venuto nella carne, è da Dio." **I Giovanni 4:1-2**

"Infatti c'è un solo Dio e anche un solo mediatore fra Dio e gli uomini, Gesù Cristo uomo." **I Timoteo 2:5**

I demoni sono sottili, soggetti a passioni, razionali per intelletto, aerei nel corpo, eterni per il tempo, nemici dell'umanità, smaniosi di nuocere, ripieni di superbia, astuti nelle falsità, sempre nuovi nell'inganno... *"E conoscerete la Verità e la Verità fi farà liberi."* **Giovanni 8:32**

Bisogna ravvedersi dalle opere infruttuose e credere, in modo che le menti possano essere trasformate e ottenere la vita eterna, che è il premio di chi possiede la mente di Cristo.

Può esserci soltanto una Chiesa
una Chiesa unita
LIBERA dalle istituzioni
basata unicamente sulla Verità

...

quella Chiesa è
IL CORPO DI CRISTO

"Siete stati chiamati per essere un solo corpo." **Colossesi 3:15**

"A favore del suo corpo che è la Chiesa." **Colossesi 1:24**

e solo in quella Chiesa la Verità si manifesterà

"Se perseverate nella mia Parola, siete veramente miei discepoli; consocerete la Verità e la Verità vi darà liberi."
Giovanni 8:31-32

La Parola di Dio è una sola, pertanto esiste:

>UN SOLO DIO
>UNA SOLA LEGGE
>UNA SOLA CHIESA
>UNA SOLA VERITÀ

"Tu credi che c'è un solo Dio, e fai bene; anche i demoni lo credono e tremano." **Giacomo 2:19**
Istituzioni che si definiscono "Chiese", come la Cattolica Romana per esempio, non servono Cristo, ma la propria istituzione, fondata su interessi di potere che muovono false passioni cristiane finalizzate da una cospirazione demoniaca.

- *Come si può dire di servire Dio, e andare contro la Sua stessa Parola?*
- *Come può proclamare la Sua giustizia andando contro la Sua legge?*
- *Come può il Corpo di Cristo avere membra separate dal Suo stesso corpo?*

Il MOVIMENTO ECUMENICO getta nel ridicolo questa falsa dottrina svelandone le vere opere.
Alcuni esempi di blasfema incoerenza spirituale:

- Papa Carol Wojtyla, Giovanni Paolo II, accettò il marchio di Shiva sulla fronte da una sacerdotessa indù, e che Shiva, nell'occultismo è sinonimo di SATÀ: Satana;

- Baciò il Corano;
- E strinse un legame di amicizia con il Dalai-Lama, concedendogli di sostituire il crocifisso con la statua del Buddha per fare le loro preghiere nella Basilica di San Pietro.

La dottrina cattolico-romana ha trasformato la giustizia di Dio in corruzione, la Verità in menzogna; ha infangato il nome di Dio sostituendo l'unico fondamento della VERA CHIESA, GESÙ CRISTO.
Hanno "inventato" un leader chiamandolo con il nominativo di SANTO PADRE.

"Chi non temerà, o Signore, e chi non glorificherà il tuo nome? Poiché tu solo sei Santo." **Apocalisse 15:4**

"Non chiamate nessuno sulla terra vostro padre, perché uno solo è il Padre vostro, quello che è nei cieli." **Matteo 23:9**

Ripetono il sacrificio di Cristo ad ogni *"culto di adorazione"*, spezzando ostia e bevendo vino.

"Egli può salvare perfettamente quelli che per mezzo di Lui si avvicinano a Dio, dal momento che vive sempre per intercedere per loro" **Ebrei 7:25**

"Vera chiesa nel Corpo di Cristo: in virtù di questa volontà noi siamo stati santificati, mediante l'offerta del corpo di Cristo Gesù fatta una volta per sempre." **Ebrei 10:10**

"Poiché Egli ha fatto questo una volta per sempre quando ha offerto se stesso." **Ebrei 7:27**

"Ogni sacerdote sta in piedi ogni giorno a svolgere il suo servizio e offrire ripetutamente gli stessi sacrifici che non possono mai togliere i peccati." **Ebrei 10:12-14**

Hanno introdotto un culto ai morti (un'antica pratica di stregoneria pagana), sapendo che le preghiere ai morti sono inutili:

"I morti dormono." **I Tessalonicesi 4:13**
... e non possono ascoltare né essere ascoltati:

"Fra noi e voi vi è posta una gran voragine, perché quelli che vorrebbero passare di qui a voi non possono, né di là si passa da noi." **Luca 16:26**

"Un popolo non deve forse consultare il suo Dio? Si rivolgerà forse ai morti in favore dei vivi? Alla legge! Alla testimonianza! Se il popolo non parla così non vi sarà per lui nessuna aurora." **Isaia 8:19-20**

Venerano i santi (defunti) e gli angeli delle loro preghiere:

"Io (Giovanni) mi prostrai ai suoi piedi per adorarlo. Ma egli mi disse: "Guardati dal farlo, io sono un servo come te e come i tuoi fratelli che custodiscono la testimonianza di Gesù. Adora Dio! Perché la testimonianza di Gesù è lo Spirito della profezia." **Apocalisse 19:10**

Hanno cambiato la legge di Dio:

I 10 Comandamenti Biblici	I 10 Comandamenti Cattolici
Non avrai altri déi davanti a me.	Non avrai altro Dio fuori di me.
Non ti farai scultura alcuna né immagine.	**Non nominare il nome di Dio invano.**
Non usare il nome di Yavèh, l'Elohiym tuo, invano.	**Ricordati di santificare le feste.**
Ricordati dello Shabbat per santificarlo.	Onora il padre e la madre.
Onorerai tuo padre e tua madre	Non uccidere.
Non ucciderai.	Non commettere atti impuri.
Non commettere adulterio.	Non rubare.
Non ruberai.	Non dire falsa testimonianza.
Non farai falsa testimonianza contro il tuo prossimo.	**Non desiderare la donna d'altri.**
Non desiderare la casa del tuo prossimo.	**Non desiderare la roba d'altri.**

Hanno abolito il secondo comandamento;
Hanno mutato il giorno di sabato in feste;
Hanno diviso il decimo comandamento in due parti.

Nei loro culti si prostrano ad oggetti (reliquie) definendoli "sacri", e adorano immagini.
"Hanno mutato la gloria del Dio incorruttibile in immagini simili a quelle dell'uomo corruttibile." **Romani 1:23**

"Non farti scultura, né immagine alcuna delle cose che stanno lassù nel cielo (gli Elohiym) o quaggiù sulla Terra (idoli, personaggi famosi, vip) o nelle acque sotto la Terra (i santi defunti, seppelliti sotto terra). Non ti prostrare davanti a loro e non li servire." **Esodo 20:4**

Strumenti nelle mani di Dio sono stati venerati più di Dio stesso, finendo per oscurare il vero motore della Chiesa: il suo Corpo, il Cristo Gesù.

Miliardi di persone sono ingannate dalle immagini della madonna, dalle statuette che piangono sangue, dalla transustansazione, ovvero dal prodigio definito miracoloso sulla trasformazione dell'ostia in carne umana sanguinante.
I demoni simulano oracoli con inganni, suscitano la passione d'amore, infondono l'ardore sensuale, si nascondono DENTRO immagini definite "sacre".
Prodigi come le stimmate e le apparizioni mariane, ma questo è solo un inganno!

"Essi sono spiriti di demoni capaci di compiere dei miracoli."
Apocalisse 16:14

Lourdes, Fatima, Medjugojre e molte altre in tutto il mondo, dove i "veggenti" entrano in trans-medianici e hanno delle visioni... invocati si presentano, si manifestano in forme verosomiglianti, assumono sembianze diverse, talvolta si trasformano in forme angeliche.
Costoro, caduti per superbia dalla sede celeste, dimorano ora nell'aria.

Prodigi, miracoli, visioni, fenomeni paranormali che l'uomo non può spiegare, ma che portano il frutto delle opere di Satana, come l'idolatria, e allontana il vostro sguardo dal vero obiettivo e unico fondamento della Vera Fede. Dio non opera affatto dietro questi macchinosi inganni.

"Non c'è da meravigliarsi, perché anche Satana si traveste da angelo di luce." **II Corinzi 11:14**

Apriamo gli occhi e rimaniamo fedeli e fermi nella Verità, nella Fede in Gesù Cristo e nella Parola che Dio ha preservato nel tempo attraverso i suoi veri servitori, siano stati i Patriarchi, i Profeti, gli autori del Nuovo Testamento e i Masoreti.

"Ma anche se noi o un angelo dal cielo vi annunciasse un Vangelo diverso da quello che vi abbiamo annunciato, sia anatema[114]." **Galati 1:8-9**

"Avendo piena conoscenza che non esistono altri mediatori tra Dio e voi se non Gesù Cristo." **I Timoteo 2:5**

"Quel che dico a voi, lo dico a tutti: vegliate!" **Marco 13:37**

"Avendo dunque un grande Sommo Sacerdote che è passato attraverso i cieli, Gesù, il Figlio di Dio, stiamo fermi nella Fede che professiamo." **Ebrei 4:14**

"Uscite da essa (la chiesa prostituta di Satana), o popolo mio, affinché non siate complici dei suoi peccati e non siate coinvolti nei suoi castighi." **Apocalisse 18:4**

"E conoscerete la Verità e la Verità vi farà liberi." **Giovanni 8:32**

La Bibbia parla di lupi rapaci; essi sono coloro che stanno a capo di tutte le grandi istituzioni religiose cristiane, si

---

[114] Lett. "maledizione", "maledetto".

nascondono dietro Cristo e dietro la sua giustizia, disonorando il Suo Nome e il frutto dei suoi insegnamenti.

"Amanti del piacere anziché di Dio, aventi l'apparenza della pietà, mentre ne hanno rinnegato la potenza." **II Timoteo 3:5**
Costoro sono falsi, arroganti, ipocriti, avari di denaro e pur avendo conosciuto la Gloria di Dio, hanno volontariamente scelto i benefici del mondo e accettato di corrompersi con esso, nella falsa convinzione che il giudizio non piomberà su di loro.
Anch'essi hanno distorto la Parola e la Legge di Dio, creando intorno a loro una falsa verità e contaminandosi con la legge del mondo.

"Hanno mutato la Verità di Dio in menzogna e hanno adorato e servito la creatura invece del Creatore." **Romani 1:25**

Hanno servito il dio Mammona[115], proclamando il vangelo della prosperità sulla Terra, nella quale hanno già ricevuto la loro ricompensa.
Si definiscono "chiese" evangeliche, anche se il termine "chiesa" è una bestemmia da parte di coloro che ne fanno parte, poiché la Vera Chiesa è il Corpo di Cristo che è Santo e unito da un'unica legge.
Oggi vediamo come queste fantomatiche "chiese" si sono contaminate con il mondo, perché il mondo è entrato in queste "chiese" anziché il contrario, ovvero che sarebbe la Vera Chiesa a dover coinvolgere il mondo:

---

[115] Divinità pagana del denaro.

Nomi e Denominazioni (Chiesa Avventista, Battista, Assemblee di Dio...). La Parola di Dio è chiara sul fatto che il Corpo di Cristo è "la sola Chiesa" e ogni altro nome o denominazione è vano, anti-biblico e anti-cristiano!

"Non vi è sotto il cielo nessun altro nome che sia stato dato agli uomini, per mezzo del quale noi dobbiamo essere salvati." **Atti 4:12**

Essi dicono: *"Nella nostra chiesa troverai la benedizione, vieni nella nostra chiesa per un incontro personale con Dio"* oppure *"questa sera Gesù ha bussato alla tua porta..."*
Uomini che seguono precetti di istituzioni, templi costruiti dalle mani degli uomini per glorificare gli uomini.

"Il Dio che ha fatto il mondo e tutte le cose che sono in esso, non abita in templi costruiti da mano d'uomo." **Atti 17:24**

"Se qualcuno pensa di essere profeta o spirituale, riconosca che le cose che io vi scrivo sono comandamenti del Signore." **I Corinzi 14:37**

"Ora, fratelli, ho applicato queste cose... perché per nostro mezzo impariate a praticare il non oltre quel che è scritto e non vi gonfiate d'orgoglio esaltando l'uno a danno dell'altro." **I Corinzi 4:6**

"I suoi sacerdoti violano la mia legge e profanano le mie cose sante; non distinguono fra sacro e profano, non fanno conoscere la differenza che passa fra ciò che è impuro e ciò che è puro... e io sono disonorato in mezzo a loro." **Ezechiele 22:26**

A questo punto non ci resta altro che fermarci qui, in quanto il medesimo testo non nasce con l'intento di professare né una religione né una dottrina biblica.
I falsi insegnanti sono innumerevoli, c'è chi dice che Dio non esiste, ma che esistono gli alieni, c'è chi dice che Dio c'è, ma è talmente misericordioso che permette di infrangere i Suoi stessi precetti.
Tu, caro lettore, che sei arrivato fino a questa pagina, hai dimostrato di avere una mente molto aperta e predisposta alla conoscenza di quelle rivelazioni e di quei misteri biblici fin ora conosciuti solo da pochi, o che, per volontà o sconoscenza stessa dei tuoi "leader" attuali o passati, non hai mai conosciuto. Come hai potuto leggere, la Bibbia è inconfutabile, meravigliosa, e non si contraddice MAI.

FINE

"MOLTI DICONO CHE DIO NON ESISTE, EPPURE, IO L'HO CONOSCIUTO!"
DANIELE SALAMONE

APPENDICE

Appendice 1

GENETICA

L'uomo è formato da circa 60 miliardi di cellule. All'interno di ogni cellula c'è un nucleo e dentro il nucleo vi sono i cromosomi. I cromosomi sono i depositari del nostro programma genetico, contenente tutte quelle informazioni necessarie che determinano come siamo fatti: il colore degli occhi, della pelle, dei capelli, l'altezza, il nostro sviluppo, la nostra crescita, il metabolismo, la costituzione, le malattie genetiche, ecc.
Nonostante la grande quantità di cellule presenti nell'organismo, il numero dei cromosomi in ogni cellula è sempre uguale, in condizioni normali. I cromosomi sono costituiti da un filamento di DNA[116] (acido desossiribonucleico). Questo filamento è avvolto su se stesso ma, se dovessimo srotolarlo, sarebbe lungo circa 2 metri e il suo spessore è pari a 2 milionesimi di millimetro.
Il numero dei cromosomi è caratteristico di ogni specie e può variare da uno a molte centinaia. Negli esseri umani ci sono, in ogni cellula, 46 cromosomi. I 46 cromosomi dell'essere umano sono tutti presenti in duplicato: in realtà quindi, si deve parlare di 23 coppie di cromosomi. Nelle cellule di una donna tutte le 23 coppie sono formate da cromosomi uguali tra loro, mentre nell'uomo vi è una coppia di cromosomi formata da cromosomi diversi.
Quindi, questa coppia (nell'uomo) è chiamata XY e la coppia corrispondente della donna è XX.

---

[116] Grazie alla scoperta della struttura del DNA, nel 1953, Watson e Crick ricevono il **Premio Nobel** per la medicina.

Il cromosoma X del maschio e i due cromosomi X della femmina, uno attivo e uno inattivo, sono uguali. Le cellule sessuali maschile e femminile (ovulo e spermatozoo) vengono chiamate "gameti" e hanno solo 23 cromosomi, un elemento di ogni coppia. Con la loro unione si formerà la prima cellula (con tutti i 46 cromosomi) di un nuovo individuo che sarà maschio se il gamete maschile conterrà il cromosoma Y e sarà femmina se il gamete maschile contiene il cromosoma X.

Appendice 2

APOCALISSE DI MOSÈ E VITA DI ADAMO ED EVA

Storia e vita di Adamo ed Eva, i primi uomini, quale fu rivelata da Dio al suo servo Mosè, quand'egli ricevette dalla mano del Signore le tavole della Legge (che sanciscono) l'alleanza, istruito (in questo) dall'arcangelo Michele.

I. Questa è la storia di Adamo ed Eva. Una volta che furono usciti dal paradiso, Adamo prese sua moglie Eva e si recò a Oriente rimanendovi diciotto anni e due mesi. Eva concepì e generò due figli: Diafotos chiamato Caino, e Amilabes chiamato Abele.

II. E dopo di ciò Adamo ed Eva stettero insieme.
Mentre erano a letto, Eva disse ad Adamo, suo signore: *"Mio signore, stanotte ho visto in sogno che il sangue di mio figlio Amilabes - chiamato Abele - veniva versato nella bocca di Caino, che lo ha bevuto senza pietà. (Amilabes) lo pregava di lasciargliene un po', ma egli lo ha bevuto fino in fondo senza ascoltarlo. Però non è riuscito a trattenerlo nello stomaco, ma lo ha vomitato".*
Allora Adamo disse ad Eva: *"Su, andiamo a vedere che cosa gli è successo; non vorrei che il Nemico tramasse qualcosa contro di loro".*

III. I due si mossero e scoprirono che Abele era stato ucciso per mano di suo fratello Caino. Dice Dio all'arcangelo Michele: *"Fà ad Adamo questa raccomandazione: "Non svelare a tuo figlio il segreto che conosci, perché è un iracondo. Ma non esser triste: ché al suo posto ti darò un altro figlio. Questi ti indicherà tutto quel che devi fargli; ma tu non dirgli niente""*. Questo disse Dio al suo angelo. Quanto ad Adamo, serbò nel suo cuore le parole dette, ed Eva fece lo stesso, benché fossero addolorati per il loro figlio Abele.

IV. Dopo di ciò Adamo conobbe sua moglie Eva, ed ella concepì e generò Seth. E Adamo dice ad Eva: *"Ecco, abbiamo generato un figlio al posto di Abele, che è stato ucciso da Caino. Rendiamo gloria a Dio e offriamogli sacrifici"*.

V. Adamo generò trenta figli e altrettante figlie. Caduto ammalato, disse gridando a gran voce: *"Vengano a me tutti i miei figli, affinché li possa vedere prima di morire"*. E si riunirono tutti dalle tre parti della terra che avevano popolato; e vennero alla porta della casa dov'egli andava a pregare Dio. Chiese suo figlio Seth: *"Padre Adamo, che male hai?"*. Risponde (Adamo): *"Sto molto male, figli miei!"*. Ed essi rincalzano: *"Di quale dolorosa malattia si tratta?"*

VI. (Allora) Seth prende la parola per dirgli: *"Padre, pensi forse al paradiso (e ai frutti) che mangiavi, e ti struggi dal desiderio (che provi) per essi? Se le cose stanno così, dimmelo, che vado a prenderti un frutto del paradiso. Ché mi cospargerò il capo di sterco, piangerò e pregherò; il Signore mi ascolterà e manderà il suo angelo, e io ti porterò di che placare la tua pena"*. Gli replica Adamo: *"No, Seth, figlio mio; è che sto molto male"*. Gli chiede (ancora) Seth: *"Come ti è venuto?"*

VII. Gli rispose Adamo: *"Quando Dio ci creò me e vostra madre - quella per cui muoio – ci diede ogni albero del paradiso; di uno solo ci vietò di mangiare, ed è per causa di questo che moriamo. Venne l'ora in cui gli angeli che custodivano vostra madre, dovevano salire ad adorare il Signore. Allora il Nemico le diede da mangiare dell'albero, ben sapendo che né io né gli angeli santi le eravamo vicini. Poi ne diede da mangiare anche a me...*

VIII. *Quando tutt'e due se ne fu mangiato, Dio montò in collera con noi. Il Signore venne nel paradiso e vi pose il suo trono, e mi chiamò con voce tremenda: "Adamo, dove sei? A che pro sottrarti alla mia vista? Potrà forse una casa celarsi a chi l'ha costruita?"* E aggiunse: *"Giacché non hai osservato il mio patto, ho inferto al tuo corpo settanta*

	piaghe. Il male causato dalla prima piaga colpisce gli occhi; quello della seconda piaga l'udito, e così via".
IX.	Mentre così parlava ai suoi figli, Adamo emise alti gemiti e soggiunse: *"Che fare? Mi trovo in una grave ambascia".* Anche Eva pianse: *"Mio signore, su, dammi da sopportare metà del tuo male, visto che è per causa mia che ti è capitato, visto che è per causa mia che sei in preda a un grave dolore".* Disse Adamo ad Eva: *"Su, va con nostro figlio Seth nei pressi del paradiso; cospargetevi il capo di terra e piangete, supplicate Dio di avere pietà di me: invii nel paradiso il suo angelo e mi dia dell'albero da cui stilla l'olio, sicché tu me (ne) porti; e ungendo(mene) io ne riceva sollievo. (Poi) ti spiegherò come fummo ingannati".*
X.	Seth ed Eva andarono dalle parti del paradiso. Mentre erano in cammino, Eva vide una bestia che lottava con suo figlio. Eva disse piangendo: *"Ahimè, ahimè, se arrivo al giorno della resurrezione, tutti i peccatori mi malediranno dicendo: "Eva non ha osservato il comandamento di Dio"".* Eva (allora) disse alla bestia gridando: *"Tu, o bestia malvagia, non ti periterai di lottare con l'immagine di Dio? Come hai potuto aprire la bocca e aguzzare i denti? Come hai potuto scordare che un tempo eri sottomessa all'immagine di Dio?"*
XI.	Allora la bestia gridò (a sua volta) dicendo: *"Eva, la tua arroganza e il tuo pianto non riguardano noi, ma te, ché da te è venuto il potere alle bestie. Come hai potuto aprire la bocca per mangiare dell'albero di cui Dio ti aveva proibito di mangiare? A motivo di ciò anche la nostra natura è cambiata. Or dunque, se prenderò a rimproverarti, non potrai sopportarlo".*
XII.	Ingiunge Seth alla bestia: *"Chiudi la bocca e taci, sta lontano dall'immagine di Dio fino al giorno del giudizio".* Allora la bestia replica a Seth: *"Ecco, Seth, che mi allontano dall'immagine di Dio".* Allora la bestia fuggì lasciandolo ferito; ed egli si ritirò nella sua tenda.
XIII.	Seth andò con sua madre Eva nei pressi del paradiso; e là piansero, supplicando Dio di mandare il suo angelo e di dar

loro l'olio della misericordia. E Dio inviò l'arcangelo Michele, che gli disse: *"Seth, uomo di Dio, quanto all'albero da cui stilla l'olio che serve per ungere tuo padre Adamo, non darti la pena di pregare; ché non lo avrai ora, ma negli ultimi tempi. Allora risorgerà ogni carne (tutti gli uomini vissuti a partire) da Adamo fino a quel gran giorno, quanti apparterranno al popolo santo; allora sarà data loro tutta la gioia del paradiso, e Dio starà in mezzo a loro. E non vi sarà più chi pecchi davanti a lui, perché saranno privati del cuore malvagio e riceveranno un cuore capace di comprendere il bene e di servire Dio solo. Ritorna da tuo padre, perché non ha che tre giorni di vita. Stai per assistere a una (scena) terribile: l'ascesa dell'anima che esce da lui".*

XIV. Detto ciò, l'angelo si congedò da loro. Quanto a Seth e ad Eva, si recarono alla tenda dove giaceva Adamo. Adamo (allora) si rivolge ad Eva: *"Che cosa ci hai fatto! Ci hai attirato addosso una grande collera: la morte, che ha la meglio su tutta la nostra razza".* E continuò (ancora rivolto) a lei: *"Convoca tutti i nostri figli e i figli dei nostri figli, e racconta loro come abbiamo peccato".*

XV. Allora Eva dice loro: *"Ascoltate, voi tutti, figli miei e figli dei miei figli, ché vi racconto come il nostro nemico ci ha ingannato. Avvenne, mentre facevamo la guardia al paradiso, custodivamo ciascuno la parte che Dio gli aveva assegnata; quanto a me, vigilavo sulla parte che mi era toccata, il sud e l'ovest, che il diavolo penetrasse nel lotto di Adamo, dove si trovavano gli animali maschi. Ché Dio aveva suddiviso fra noi gli animali: i maschi li aveva affidati tutti a vostro padre, mentre le femmine le aveva affidate tutte a me, e ciascuno badava alla sua parte...*

XVI. E il diavolo si rivolse al serpente con queste parole: *"Sù, avvicinati: voglio dirti una parola che ti tornerà utile".* Allora il serpente andò da lui, e il diavolo gli dice: *"Ho sentito dire che sei il più intelligente fra tutti gli animali e sono venuto per vedere se è vero. Ho scoperto che sei superiore a tutti gli animali e che essi hanno buoni* rapporti con te; purtuttavia t'inchini davanti a chi è inferiore (a te). Perché ti nutri della zizzania di Adamo e di sua moglie, e non dei frutti del paradiso? Suvvia, facciamo in modo che sia cacciato dal paradiso per causa di sua moglie, così come anche noi ne fummo cacciati per causa sua". Gli replica il serpente: "Temo che il Signore si adiri con me". (Lo) rassicura il diavolo: "Non temere. Fammi solo da supporto; avevo alcun potere su di voi; ma soltanto dopo che tu hai trasgredito il comando del Signore, si è scatenata la nostra protervia contro di voi".

XVII. A quel punto Seth disse al serpente: "Il Signore Dio ti maledica! Sta lontano dagli uomini, chiudi la bocca e taci, nemico maledetto, tu che confondi la verità; allontanati dall'immagine di Dio fino al giorno in cui il Signore ti farà condurre in giudizio". Replicò il serpente a Seth: "Ecco, faccio come vuoi tu: mi allontano dall'immagine del Signore Dio". E subito si allontanò lasciando su Seth il segno dei denti.

XVIII. Quanto a Seth e a sua madre, camminarono fino alle porte del paradiso; presero della polvere, se ne cosparsero il capo e, prostratisi con la faccia a terra, incominciarono a piangere fra grandi gemiti e a supplicare il Signore Dio di aver pietà della sofferenza di Adamo e di mandar loro il suo angelo con l'olio dell'albero della misericordia di Dio.

XIX. Mentre stavano pregando e levando molte suppliche, ecco che apparve l'arcangelo Michele che disse loro: "Seth, di che vai in cerca? Io sono l'arcangelo Michele, cui il Signore ha affidato i corpi degli uomini. Lo dico a te, Seth, uomo di Dio, non stare a piangere e a supplicare per avere l'olio dell'albero della misericordia, con cui ungere il corpo di tuo padre Adamo sollevandolo (così) dai dolori fisici di cui soffre...

XX. Te lo ribadisco: non ne potrai assolutamente avere fino agli ultimi giorni, [finché non siano trascorsi 5.228 anni. Allora verrà sulla terra il Cristo, il figlio di Dio amorevolissimo, che risorgerà e farà resuscitare insieme con lui il corpo di Adamo e i corpi di tutti i morti; e lo *stesso Cristo, il figlio di Dio, sarà battezzato nel fiume Giordano. Quando uscirà dall'acqua, ungerà con l'olio della sua misericordia tuo padre e quanti credono in lui. E l'olio della misericordia l'avranno di generazione in generazione tutti quelli che debbono rinascere dall'acqua e dallo spirito a vita eterna. Ché allora il figlio di Dio amatissimo scenderà e condurrà tuo padre nel paradiso fin dove si trova l'albero della misericordia].*

XXI. *Ma tu va da tuo padre e digli che per lui la vita è finita. Grandi meraviglie vedrai in cielo e in terra, e i luminari del cielo, quando la sua anima lascerà il corpo".* L'arcangelo non aveva ancora detto queste cose, che già si era allontanato. *[E Seth era molto stupito, perché, mentre guardava dentro il paradiso, aveva visto sulla cima di un albero una vergine seduta che teneva in mano il figlio crocifisso].* Eva e Seth ritornarono indietro; ma Seth prese con se degli aromi: nardo, croco, calamo e cinnamomo.

XXII. E quando Seth e sua madre giunsero da Adamo, gli raccontarono come il serpente avesse morsicato suo figlio Seth; al che Adamo disse a sua moglie: *"Guarda che cosa ci hai fatto! Hai attirato una grave calamità e peccati su tutta la nostra discendenza. Purtuttavia dopo la mia morte narra ai tuoi figli ciò che hai fatto tu e tutto quel che abbiamo subito. Ché i nostri discendenti, incapaci di sopportare le calamità e le fatiche che toccheranno loro, imprecheranno contro di noi e ci malediranno dicendo: "Questi mali ce li hanno procurati i nostri progenitori'"".*

XXIII. Nell'udire queste cose Eva incominciò a lamentarsi e a piangere. [(Allora) Seth disse a suo padre Adamo: *"Signor padre, in paradiso ho visto un prodigio".* Al che Adamo chiese: *"Seth, figlio mio, dimmi che cosa hai visto. Chissà che non sia in grado di dare una spiegazione di quello strano fenomeno".* E in risposta Seth disse a suo padre: *"Padre mio, mentre mi aggiravo nel paradiso con lo sguardo, vidi una vergine seduta sulla cima di un albero, che teneva in mano un fanciullo crocifisso".* Ma Adamo volgendo lo sguardo al cielo s'inginocchiò e levando le mani a Dio disse: *"Signore, Padre, tu sei benedetto, Dio oltremodo onnipotente e misericordioso nei confronti di tutti, ora so per certo che una vergine concepirà un figlio destinato a morire sulla croce, che ci salverà tutti".* Seth allora rivelò a suo padre Adamo tutto quel che aveva detto loro l'arcangelo Michele nei pressi delle porte del paradiso. Adamo poi rese lodi a Dio per tutto quel che Seth gli aveva riferito da parte di Michele. Ed ecco che venne il giorno della morte di Adamo, com'era stato predetto da Michele, l'arcangelo di Dio.

XXIV. E come Adamo seppe ch'era venuta per lui l'ora di morire, disse a tutti i suoi figli e alle sue figlie: *"Ecco, adesso muoio, dopo esser vissuto in questo mondo per 930 anni. Quando sarò morto, seppellitemi verso oriente nel territorio dove abita Dio".* Detto ciò, esalò lo spirito. E il sole, la luna e le stelle si oscurarono per sette giorni. Poi Seth e sua madre Eva abbracciarono il corpo di Adamo e piansero su di lui, con lo sguardo rivolto a terra: le mani erano strette sul capo e il capo ripiegato sulle ginocchia. E così atteggiati versavano lacrime molto amare tutti i suoi figli e le sue figlie. Ecco che (allora) apparve l'arcangelo Michele ritto inpiedi presso la testa di Adamo, e disse a Seth: *"Staccati dal corpo di tuo padre e vieni qui a vedere quel che il Signore Dio vuol fare della sua creatura, che ha suscitato la sua compassione".* Ed ecco che tutti gli angeli al suono delle trombe cantarono: *"Benedetto sei tu, Signore Dio, perché hai avuto compassione della tua creatura".*

XXV. Allora Seth vide il Signore stendere la mano che teneva l'anima di suo padre, per consegnarla all'arcangelo Michele con queste parole: *"Custodisci quest'anima finché si trova nei supplizi; fino al giorno della resa dei conti negli ultimi tempi, quando trasformerò in gioia il suo dolore. Allora si siederà sul trono di colui che ne ha preso il posto".*

XXVI. E il Signore aggiunse ancora rivolto a Michele: *"Portami tre teli di lino e stendine uno sul corpo di Adamo e un altro sul corpo di suo figlio Abele".* E tutte le potenze angeliche andarono in processione davanti ad Adamo e (così) fu santificato l'evento della sua morte. E gli arcangeli seppellirono il corpo di Adamo e il corpo di suo figlio Abele in paradiso. Nel vedere ciò che facevano gli angeli, Seth e sua madre ne restarono profondamente meravigliati; allora gli angeli dissero loro:

XXVII. *"Come avete visto seppellire loro, allo stesso modo seppellite i vostri morti". Adamo era morto da sei giorni, che Eva, sentendosi vicina alla morte, fece riunire tutti i suoi figli e le sue figlie per dire loro: "Ascoltate, figli miei e figlie mie, ciò che ho da comunicarvi. Ecco quel che ci disse l'arcangelo Michele, dopoché vostro padre ed io trasgredimmo il comando del Signore Dio: "A causa delle vostre prevaricazioni e dei vostri peccati il Signore riverserà l'ira del suo giudizio sulla vostra razza, prima con l'acqua e poi col fuoco. Con questi due (flagelli) il Signore giudicherà tutto il genere umano".*

XXVIII. *Prestatemi, dunque, ascolto, figli miei. Seth, costruisci delle tavole di pietra e delle tavole di argilla ben levigate e scrivi su di esse tutta la vita di vostro padre e la mia, così come l'hai sentita raccontare da noi o l'hai vista (svolgersi). Ché, quando il Signore giudicherà la vostra stirpe con l'acqua, le tavole di argilla ben levigate andranno distrutte, ma non le tavole di pietra; e viceversa, quando il Signore giudicherà la vostra stirpe col fuoco, andranno distrutte le tavole di pietra, ma non le tavole di argilla ben levigate che possono cuocere".* E quando Eva ebbe finito di fare tutte queste raccomandazioni ai suoi figli, tese le mani e, rivolto lo sguardo al cielo, rese lo spirito mentre s'inginocchiava a terra in segno di adorazione verso il Signore Dio e nell'intento di ringraziare.

XXIX. E dopoché si fu fatto un gran piangere, i figli e le figlie la seppellirono. Erano ormai quattro giorni che piangevano la sua morte, quando apparve l'arcangelo Michele che disse: *"Non piangete i vostri morti per più di sei giorni, perché il settimo giorno è il segno della resurrezione e*

	(rappresenta) il riposo dell'eone[117] futuro; e nel settimo giorno il Signore si riposò da tutte le sue opere".
XXX.	Allora Seth preparò delle tavole di pietra e delle tavole di argilla ben levigate. Tracciandovi i segni delle lettere, vi scrisse la vita di suo padre e di sua madre, come l'aveva sentita raccontare da loro e come l'aveva vista coi propri occhi. Pose le tavole nella casa di suo padre, nel luogo di preghiera dove Adamo era solito pregare il Signore Dio. Furono in molti a vederle dopo il diluvio senza, però, riuscire a leggerle; ma il sapientissimo Salomone, una volta che ebbe visto le tavole di pietra con sopra l'iscrizione, supplicò il Signore di aprirgli la mente sì da poter comprendere ciò che era contenuto nelle tavole. Gli apparve allora l'angelo del Signore che disse: *"Io sono l'angelo che ha sorretto la mano di Seth, quando il suo dito scrisse queste tavole con lo stilo di ferro. Ed ecco, imparando la scrittura, saprai e capirai dove si trovavano queste tavole di pietra; erano state (collocate) nel luogo dove Adamo e sua moglie erano soliti adorare il Signore Dio. È proprio lì che devi costruire la casa di preghiera del Signore Dio"*. Allora Salomone fece voto di costruire proprio in quel luogo la casa di preghiera del Signore Dio. E in quella stessa occasione chiamò ACHILIACI quelle lettere ch'erano state scritte dal dito di Seth senza che avesse ricevuto alcun insegnamento orale, mentre l'angelo gli sorreggeva la mano.
XXXI.	E in quelle stesse tavole di pietra si rinvennero le profezie pronunciate da Enoc, il settimo (patriarca) dopo Adamo, che (fin da) prima del diluvio aveva preannunciato la venuta di Gesù Cristo: *"Ecco il Signore verrà con le Sue sante milizie ad esercitare il giudizio sugli uomini e a rinfacciare a tutti gli empi tutte le opere che hanno*

---

[117] L'EONE è un'unità geo-cronologica. È la categoria di rango superiore della scala dei tempi geologici. Un EONE è normalmente diviso, al suo interno, in numerose ere e si calcola rappresenti un intervallo temporale di circa mezzo miliardo di anni o poco più...

	compiuto, e tutto ciò che hanno detto di lui i peccatori e gli empi mormoratori... secondo le loro concupiscenze, e la loro bocca proferì (parole di) superbia".
XXXII.	Adamo era entrato nel paradiso dopo quaranta giorni (dalla creazione), mentre Eva vi era entrata dopo ottanta. Adamo era rimasto nel paradiso sette anni ed aveva avuto il dominio su tutti gli animali.
XXXIII.	Si deve sapere che il corpo di Adamo era composto di otto parti: una parte era di fango: di fango è fatta la sua carne e perciò sarà pigro; un'altra parte era di mare: di mare è fatto il suo sangue e perciò andava vagando come profugo; la terza era di pietre: di pietre son fatte le sue ossa e perciò era duro ed avaro; la quarta era di nubi: di nubi son fatti i suoi pensieri e perciò è diventato lussurioso; la quinta era di vento: di vento è fatto il respiro e perciò è diventato leggero; la sesta era di sole: di sole son fatti i suoi occhi e perciò era bello e famoso; la settima è di luce del mondo: perciò è diventato grato ed ha la conoscenza; l'ottava è di spirito santo: di spirito santo è fatta l'anima e di lì vengono i vescovi, i sacerdoti, tutti i santi e gli eletti di Dio.
XXXIV.	Si deve sapere che Dio fece e plasmò Adamo nello stesso luogo in cui nacque Gesù, cioè nella città di Betlemme che si trova al centro del mondo: e là il corpo di Adamo fu fatto con il fango che gli angeli, cioè Michele, Gabriele, Raffaele e Uriele portavano dai quattro angoli della terra. E quella terra era candida e pura come il sole, bagnata da quattro fiumi, cioè il Gihon, il Fison, il Tigri e l'Eufrate; e l'uomo fu creato ad immagine di Dio, e (Dio) alitò sul suo volto il soffio della vita, cioè l'anima. E com'è bagnato da quattro fiumi, così il respiro gli è stato fornito da(i) quattro venti.

XXXV. Adamo era già stato creato ma non aveva ancora ricevuto un nome, quando il Signore disse ai quattro angeli di cercargli un nome. E Michele si diresse ad oriente, dove vide la stella orientale di nome Ancoli, e ne prese la prima lettera. Gabriele si diresse a Sud, dove vide la stella meridionale di nome Disis, e ne prese la prima lettera; Raffaele andò a Nord, dove vide la stella settentrionale di nome Arthos, e ne prese la prima lettera; Uriele si recò ad occidente, dove vide la stella occidentale di nome Mencembrion (?), e ne prese la prima lettera. Una volta che ebbero portato queste lettere, il Signore disse ad Uriele: *"Leggi queste lettere"*; ed egli le lesse e pronunciò: *"Adam"*. E il Signore disse a sua volta: *"Sia questo il suo nome"*. Qui termina la vita del nostro protoplasto Adamo e di sua moglie.

Appendice 3

APOCALISSE DI ADAMO

L'Apocalisse di Adamo è un apocrifo dell'AT risalente al I-II secolo d.C. e scritto in Copto, di origine giudeo-gnostica o cristiano-gnostica.
Appartiene al genere Apocalittico.
Rispetto a quanto esposto nell'Appendice 2, questo terzo Appendice rappresenta solo una porzione di un altrettanto testo apocrifo completo rinvenutoci.
Vogliamo esporre da questo testo una nuova chiave di lettura sulla vicenda che illustra la creazione dell'uomo, la ribellione di Lucifero e la sua caduta.
Per sintetizzare quanto esposto nel testo volutamente omesso, dopo la trasgressione del comandamento di Dio, Adamo si accordò con Eva nel fare entrambi una lunga penitenza, immergendosi fino al collo in due laghi [o fiumi] differenti e rimanendovi immersi per più di 40 giorni. Mentre Adamo faceva penitenza nel suo lago, Eva venne ingannata nuovamente dal Diavolo travestitosi da angelo. Il Diavolo, facendole credere che aveva un messaggio da riferirle da parte di Dio, le disse di smettere la sua penitenza e di uscire da quelle acque. A sua insaputa Eva fu vittima di un nuovo tranello e si diresse verso suo marito Adamo.
Quando Adamo la vide rimase sbigottito, le chiese spiegazioni e allora dedusse che quell'angelo non era che il Diavolo...

I. [...] ... e non appena ebbe udito queste parole da suo marito, Eva seppe ch'era stato il diavolo a sedurla e a persuaderla a uscire dal fiume. (Allora) si prostrò a terra e provò un dolore due volte più grande moltiplicando i gemiti e i pianti. Poi Adamo esclamò: *"Guai a te, o diavolo, che non ci risparmi così violenti attacchi! Che cos'hai con noi? Che cosa ti abbiamo fatto perché tu ci debba perseguitare in questo modo, con l'inganno? Perché dobbiamo sperimentare la tua malvagità? Ti abbiamo*

	forse privato della gloria, e siamo responsabili del tuo disonore? Siamo forse tuoi nemici, empi e invidiosi fino alla morte?".
II.	Al ché il diavolo gli risponde gemendo: *"O Adamo, all'origine di tutta l'inimicizia, dell'invidia e del dolore ci sei tu: è per causa tua, infatti, che sono stato privato della gloria e spogliato dello splendore che avevo in mezzo agli angeli, ed è (ancora) per causa tua che sono stato gettato sulla terra".* Gli replicò Adamo: *"Che cosa ti ho potuto fare e in che consiste la mia colpa, visto che non ti conoscevo?".*
III.	Replicò (ancora) il diavolo: *"Come puoi andar dicendo che non hai fatto nulla? Eppure è per causa tua che sono stato gettato (sulla terra). Nel giorno in cui tu fosti creato, io fui gettato (sulla terra) lontano dal cospetto di Dio ed estromesso dal consorzio degli angeli. Quando Dio inalò in te lo spirito della vita e il tuo volto e la tua figura furono fatti ad immagine di Dio, Michele ti portò a farti adorare alla presenza di Dio; e Dio disse: "Ecco ho fatto Adamo a nostra immagine e somiglianza".*
IV.	*Michele (allora) andò a chiamare tutti gli angeli e disse: "Adorate l'immagine del Signore Dio, come ha comandato il Signore"; e Michele, che fu il primo ad adorarti, mi chiamò e mi disse: "Adora l'immagine del Signore Dio"; ma io ribattei: "No! Io non ho motivo di adorare Adamo", ma, poiché Michele mi costringeva ad adorare, gli dissi: "Perché mi costringi? Non adorerò uno inferiore a me, perché vengo prima di ogni creatura e prima ch'egli fosse creato io ero già stato creato; è lui che deve adorare me, e non viceversa".*
V.	*Udendo queste cose gli altri angeli del mio seguito si rifiutarono di adorare. Michele insiste (ancora) con me: "Adora l'immagine di Dio; che se non adorerai, il Signore Dio si adirerà con te". Ed io risposi: "Se si adira con me, vuol dire che stabilirò la mia dimora al di sopra delle stelle del cielo, e che sarò simile all'Altissimo".*

VI.	*E il Signore Dio si adirò con me e mi fece espellere dal cielo - privandomi della gloria - insieme con i miei angeli. E così per causa tua fummo cacciati dalla nostra dimora e gettati sulla terra. Fui subito addolorato di essere stato spogliato di tutta la mia gloria, mentre a te venivano riservate gioia e delizie. Perciò presi ad invidiarti e non tolleravo che ti gloriassi tanto. Circuii tua moglie e tramite lei ti feci privare di tutte le tue gioie e di tutte le tue delizie, così come da principio ne ero stato privato io".*
VII.	Nell'udire queste parole Adamo ruppe in un gran pianto e disse: *"Signore Dio, la mia vita è nelle tue mani; fà che questo nemico, che cerca di perdere la mia anima, stia lontano da me. Signore, dà a me la gloria che gli è stata tolta".* E il diavolo si dileguò dalla sua vista. Adamo però continuò a fare penitenza per 47 giorni nelle acque del Giordano ... [...]"

Appendice 4

Elenco o "Libro della genealogia di Adamo"

Caino/Abele	**Adamo (930)**	Genesi 4 e 5
Caino	**Seth (912)**	Seth fu il *"sostituto"* di Abele (Evél).
Chanok **Irad**	**Enos (905)**	Al suo tempo si iniziò ad invocare il nome di Y<small>HWH</small>
Mekuiael	**Qenan (910)**	
Metushael	**Mahalaleel (895)**	
Làmek	**Iared (962)**	
Sono questi i padri delle civiltà distrutte sotto la condanna del diluvio.	**Chanok (365)**	Il patriarca che camminava con gli Elohìm e che fu portato in cielo. Scomparì dalla faccia della Terra.
	Metushalach (969)	
Si tende spesso a fare confusione tra Irad e Iared, Matushael e Metushalach; ma specialmente tra Làmek e Lemek che nelle traduzioni sono scritti uguali: **Lamec**	**Lemek (777)**	Teme che Noè non sia suo figlio.
	Noàh (950)	Con Noè si chiude il *Libro della Genealogia di Adamo*. Elenco dei popoli - Gen. 11
Cam/Japhet popoli vari	**Shem (600)**	Da Shem ha origine tutta la discendenza **Sem**itica; Da "Eber" [Ever] prende origine il termine di "Ebreo" [Ivrì].
	Aram	
	Arpaksad (438)	
	Selach (433)	
	Eber	
	Peleg	Al tempo di Peleg la Terra fu divisa in territori - Gen. 10
Ioktan popoli vari d'oriente	**Reu**	
	Serug	
	Nacor	
	Terach (205)	
	Abramo (175)	

Appendice 5

Riassunto Globale

ATTRAVERSO I PARALLELISMI LETTERALI DAI TESTI BIBLICI IN LINGUA ORIGINALE E DALLE DIRETTE TESTIMONIANZE DEI SUMERI, GLI STUDIOSI AFFERMANO CHE:

DALLA CREAZIONE ALLA CACCIATA DALL'EDEN

- La Bibbia parla di ingegneria genetica. Tselèm;
- Il Giardino di Eden era un luogo recintato avente un'unica porta di ingresso/uscita con un rispettivo corpo di guardia.
  [Elohiym fa uscire gli Adàm dal giardino ed incarica un (kerùv) a fare da guardia all'unica via di accesso];
- Gli Elohiym, per fare l'uomo, hanno utilizzato il loro stesso DNA contenente la loro *immagine*. Lo *[Tselèm]* è il DNA degli Elohiym;
- Per fare Eva, Yavèh anestetizza Adamo e mediante un intervento chirurgico non ne estrae affatto una costola, ma una sua *metà cromosomica*, il suo DNA;
- Adamo ed Eva non erano i primi uomini, erano solo il frutto di un esperimento d'ingegneria genetica, da parte di questi Elohiym, applicato su una specie di ominidi già esistenti dai quali ne sono venuti fuori gli Adàm sapiens. La transizione tra *"uomo primitivo"* a *"uomo sapiens"* potrebbe essere l'*anello mancante* che sta facendo impazzire gli evoluzionisti. Quando Caino disse *"chiunque mi incontrerà mi ucciderà"*, a chi si riferiva? Temeva di essere ucciso dai suoi fratelli e sorelle o da altri individui?
- La creatura che parlò con Eva non era un serpente, ma una figura umanoide [nachàsh];
- La tradizionale figura del "serpente" ha origini ben più antiche della Bibbia, i Sumeri assegnarono un emblema a forma di serpente al loro dio ENKI;

- Il NACHÀSH non ingannò affatto Eva, le disse la verità, ovvero che non sarebbero morti e che sarebbero diventati come Dio. Infatti accadde proprio così, non morirono e Dio stesso affermò *"Ecco, l'Adàm è diventato come uno di noi"*;
- Non esiste alcun testo antico che afferma che il frutto del peccato sia stata una mela o un fico, infatti, non si tratta nemmeno di un frutto, ne tantomeno di un albero;
- L'albero della Conoscenza del Bene e del Male e l'Albero della Vita sono la stessa cosa e sono una *"struttura"* più che un arbusto, all'interno della quale vi sono delle *"informazioni segrete"* per l'Adàm;
- L'Albero della Vita viene descritto come tale solo in senso allegorico, ingerire il frutto di un albero è utile per la nutrizione del corpo e non per ottenere la sapienza;
- Gli occhi di Adamo ed Eva si aprirono quando scoprirono la loro sessualità rivelata dal NACHÀSH, rendendosi conto di aver acquisito una conoscenza tale da essere simili ai loro creatori;
- La traduzione corretta di "Albero della Vita" è ALBERO DELLE VITE;
- L'ALBERO DELLE VITE era una struttura all'interno della quale venivano fatti esperimenti scientifici sulla creazione degli Adàm. Adamo ed Eva avendo visto con i loro occhi quello che si faceva li dentro hanno capito che anche loro erano in grado di fare le stesse cose;
- La conoscenza acquisita dall'Adàm gli permise di generare altre VITE, attraverso la procreazione;
- Gli Elohiym erano una potente gerarchia di individui in carne ed ossa: Ezechiele 1:5-17 ci dà una descrizione abbastanza chiara, come se il profeta avesse dovuto descrivere l'aspetto di alcuni *"astronauti"*, sia nella forma che nell'abbigliamento, a parole sue;
- Gli Elohiym non sono eterni, ma soggetti alla morte se pur dotati di una vita molto longeva: Yavèh si adira contro di loro (suoi simili) riprendendoli a causa della loro incapacità di governare sugli uomini: Salmo 82 *"[...] Fino a quando giudicherete ingiustamente e avrete riguardo per gli uomini? [..] Voi siete*

Elohiym, siete figli dell'Altissimo [Elyon] e morrete come gli Adàm". Sorge una domanda
- *Se Yavèh è il Dio unico, a chi si riferisce quando menziona l'Altissimo?*
- *A se stesso o a un Elohiym che sta a capo di tutti, che sta più in alto?*
• Gli Elohiym, quindi, erano tanti e uno tra essi è Yavèh;
• Le Scritture menzionano chiaramente i nomi di altri Elohiym oltre al nome di Yavèh;
• La Bibbia non parla assolutamente di monoteismo;
• Al tempo di Peleg la terra fu divisa in territori;
• Ciascun territorio fu assegnato a un Elohiym e a Yavèh toccò l'area della Palestina e del Sinai;
• Yavèh circuiva tutto il suo potere all'interno di quest'area;
• Adamo ed Eva dovettero patire la fame e la sete con affanno perché all'infuori del giardino non vi erano terre coltivate, non vi era vegetazione e quindi dovettero fare una scorta di semi e viveri prima di andare via, in modo tale da poter coltivare le terre deserte fuori dall'Eden e aspettare con molto strazio che le piante dessero il loro frutto;
• Gli Elohiym erano composti da tantissimi individui, con incarichi differenti;
• Quando la terra iniziava ad essere popolata dagli Adàm, le figlie degli uomini e i figli degli Elohiym formarono delle coppie fisse. Da questi incroci nacquero uomini forti e valorosi che le storie e le mitologie antiche ricordano come eroi o "semi-déi";

IL MEZZO DI TRASPORTO DI DIO

• Yavèh era solito spostarsi con un mezzo di trasporto volante e non su una nuvola. La nuvola era solo il fumo prodotto da questo mezzo;
• Yavèh incontrava spesso Mosè dentro la tenda di convegno e parlava faccia a faccia con lui e Aaronne;
• Il termine originale ebraico del termine "gloria" è [kavòd] e tutte le sue rispettive radici più antiche vogliono significare un qualcosa di *"pesante, grande"* oppure inteso come un

importante incarico, una grande responsabilità, appunto un incarico di un certo "peso" e "grandezza";
- I testi biblici affermano che il [kavòd], tradotto con "gloria", sia un qualcosa di voluminoso che si sposta dall'alto verso il basso e dall'alto verso il basso, e in tutte le altre direzioni;
- All'uomo è consentito di vedere il [kavòd] frontalmente solo a debita distanza altrimenti rischierebbe di morire carbonizzato. Ogni qual volta che il [kavòd] si presenta in un determinato punto, per esempio al di sopra del tempio, tutti dovevano allontanarsi immediatamente dal quel luogo per non rischiare di rimanere morti stecchiti: II Cronache 5:13-14;
- Diversi passi biblici vogliono evidenziare l'effettivo materialismo di cui è composto il [kavòd], sul fatto che esso sia un oggetto volante e che si sposta nell'aria da cui fuoriescono lampi, fulmini e dense nubi: Esodo 24:15-16; 33:9, 33, 22; II Cronache 5:14;
- Il [kavòd] ha anche degli aspetti funzionali, tra i quali degli elementi meccanici di sollevamento: Ezechiele 8:3;
- La tradizione insegna che sia la "gloria" e sia lo "spirito" di Dio siano univoci, ovvero inseparabili, mentre si scopre che...
- ... il [ruàch], tradotto con "spirito" sembra anch'esso un oggetto volante;
- In Ezechiele 8:4 si legge che il profeta viene sollevato da questo [ruàch-spirito] e trasportato da esso verso uno degli ingressi di Gerusalemme. Mentre Ezechiele viene avvicinato presso quel luogo, nota in lontananza che il [kavòd] di Yavèh stava già sul posto come ad aspettarlo. Quindi si evince che la "gloria" e lo "Spirito" di Dio siano due cose distinte e separate;

I CHERUBINI

- I Cherubini non sarebbero in realtà come ce li presenta la tradizione, ovvero come delle entità angeliche spirituali, ma sono dei veri e propri mezzi di trasporto volanti, con misure precise in dimensioni e apertura alare, all'interno dei quali vi sono delle postazioni di comando monoposto;

La traduzione letterale di I Samuele 4:4 è *"Signore eserciti, seduto tra cherubini"*; in II Samuele 22:11 Yavèh "cavalca" un kerùv. *Si può mai cavalcare una figura angelica?*

- I "carri volanti" che menzionano le Scritture sono proprio i [keruvìm], i Cherubini: nel Salmo 80:1-2 Yavèh SIEDE SOPRA i [keruvìm];
- Nei keruvìm si poteva addirittura "entrare": Ezechiele 10:2 *"entra in spazio alla ruota sotto ali di kerùv"*, il rumore delle loro ali (eliche?) si poteva sentire a grandi distanze. Ezechiele 10:5 *"[...] e rumore di ali di-i keruvìm venne udito fino al cortile esterno"*;
- I [Keruvìm - Cherubini] sono esseri viventi con "ruote", hanno mani simili a mano d'uomo e al suo interno ci sono dei "troni" sul quale ogni vivente è seduto: Ezechiele 10:5 e segg. (piloti aerospaziali);

SISTEMI ED APPARECCHIATURE DI RADIOCOMUNICAZIONE

- L'Arca dell'Alleanza non era un semplice contenitore, ma un potentissimo generatore di energia attraverso il quale Yavèh e uomini prescelti potevano mettersi in contatto. L'elevata energia che produceva era in grado di fulminare e uccidere chiunque non l'avesse toccata con delle dovute precauzioni;
- L'Arca era costituita da due [keruvìm], che fungevano da protezione, da guardiani appunto, attraverso i quali si poteva sentire la voce di Yavèh anche quando Lui non era presente in mezzo a loro;
- Quando Yavèh non era in mezzo al suo popolo, gli uomini si servivano anche di un manufatto chiamato [efòd] per mettersi in contatto con lui;
- Questo [efòd] non viene tradotto in alcun modo se non la diretta trascrizione del termine ebraico in se, ma ne viene fatta una descrizione meticolosa in Esodo 28:6 e segg.; I Samuele 23:6, 9; 30:7 e segg.;
- La tradizione vuole che l'[efòd] sia un semplice manufatto ornamentale, come una sorta di casacca di catene e gemme;

- Si arriva alla conclusione che l'[efòd] fosse un apparecchio ricetrasmittente a cui ne era consentito l'uso solo ad alcuni;
- Più volte accade che senza questo *"manufatto ornamentale"* non si può entrare in contatto con Dio, specialmente in momenti critici come guerre e scontri dove non si poteva perdere tempo ad invocare Dio in preghiera se non direttamente con l'ausilio di un ricetrasmettitore;

- Gli Elohiym avevano degli accampamenti;
E molto altro ancora...

Bibliografia Essenziale

Si tratta di alcune opere di riferimento e di una scelta di testi di larga divulgazione concernenti l'ipotesi di base analizzata nel testo.

(2007). Tratto il giorno Settembre 2013 da Intratext: http://www.intratext.com/IXT/ITA0409/

Arthur, G. F. (1998). *Evolutionist*. Grolier Multimedia Encyclopedia.

Benjamin, D. (1848). *The Analytical Hebrew and Chaldee Lexicon*. London: Hendrickson Publishers, Inc. edition.

Charles, D. (1844). *The Origin of Species*. Francis Darwin.

Danilo, V. (2001). *I quaderni del College - vol. I 1991-1993*. Pavia: College "G.L. Pascale".

Danilo, V. (2001). *I quaderni del College - vol. II 1994-1996*. Pavia: College "G.L. Pascale".

Danilo, V. (2001). *I quaderni del College - vol. III 1997-2000*. Pavia: College "G.L. Pascale".

Danilo, V. (2001). *Le basi per lo studio del greco del Nuovo Testamento*. Pavia: College "G.L. Pascale".

Danilo, V. (Maggio 2002). *Le basi per lo studio dell'ebraico della Bibbia*. Pineto (TE): College "G.L. Pascale".

George, G. (1988). *The Symbiotic Universe: Life and Mind in the Cosmos*. New York: William Morrow and COmpany.

Gordon, V. W. (1959). *The Thermodynamics*. New York: John Wiley & Sons.

La Sacra Bibbia. (2011). Romanel-Sur-Lausanne: Società Biblica di Ginevra.

Lairid Harris, R. (s.d.). *Theological Wordbook of the Old Testament*. Moody Publishers; New Edition.

Mauro, B. (2010). *Il libro che cambierà per sempre le nostre idee sulla Bibbia - Gli dei che giunsero dallo spazio?* UNO Editori.

Mauro, B. (2011). *Il Dio alieno della Bibbia*. UNO Editori.

Mauro, B. (2012). *Non c'è creazione nella Bibbia*. UNO Editori.

Piergiorgio, B. (1993-1959-1991). *Nuovo Testamento - Greco, Latino, Italiano*. Stuttgard-Cinisello Balsamo: Edizioni San Paolo.

Richard, D. (1986). *l'Orologiaio Cieco (titolo originale: The blind Watchmarker)*. New York: W.W. Norton & Company, Inco.

Schenker, A. (1997). *Biblia Hebraica Stuttgartensia - Textvm Masoreticvm*. Stuttgart: Deutsche Bibelgesellschaft.

Sir Frederich, H. (November 12, 1981). *Nature, Vol. 294:105*.

William, D. M. (1993). *The Analytical Lexicon to the greek New Testament*. Michigan: Zondervan.

Zecharia, S. (2007). *La Bibbia degli déi*. EDIZIONI PIEMME Spa.

L'autore

Daniele Salamone - autore di vari testi, nonché scrittore e studioso di ebraico, aramaico e greco biblici - da circa 5 anni si occupa dei testi Sacri approfondendone le tematiche attraverso il metodo di studio induttivo. Non ha studiato presso alcuna Università di teologia né frequentato corsi di studio biblici specifici ma, senza alcuna intenzione diretta sul propagandare una denominazione religiosa né senza istigare il lettore al "credere" in qualcosa, vuole esporre le Scritture alla luce delle affermazioni della scienza e dimostrare quanto la scienza, che tenta di negare l'esistenza di un Essere Supremo e Creatore di tutte le cose, sia anticipata dalla Bibbia.

DANIELE SALAMONE

Non tutte le CIAMBELLE...
CONSIDERAZIONI PERSONALI

> Dove sono finiti i cristiani di una volta?
> Le migliaia di ideologie religiose, che col tempo hanno invaso il mondo, hanno annebbiato le menti dell'intera umanità causando in essa un diffuso stato di sonnambulismo spirituale.
> C'è bisogno di un vero "risveglio"!

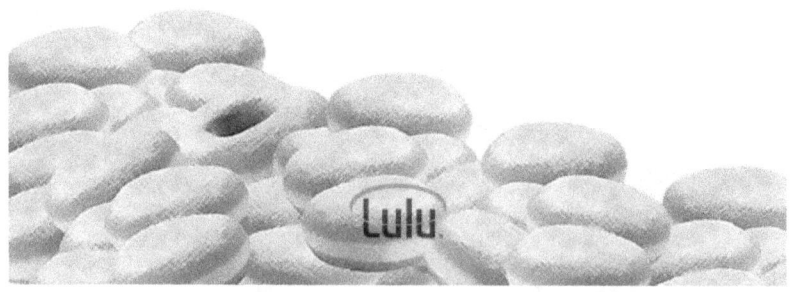

Prima pubblicazione di Daniele Salamone
che meriterebbe il sottotitolo esplicativo:
"Contraddizioni impossibili tra la teoria e la prassi".

Note

www.ingramcontent.com/pod-product-compliance
Lightning Source LLC
Chambersburg PA
CBHW060824170526
45158CB00001B/70